KB047527

박우람 지음

# 일상 속
# 과학 이야기

## ↘ 추천사 ↙

이 책의 저자인 박우람 교수와 처음 만났던 부산광역시 과학교육관의 작은 교실을 아직 기억합니다. 박우람 교수는 그때도 지금처럼 침착하고 빈틈없는, 하지만 여리고 착한 소년이었습니다. 우리는 좁은 기숙사에서 칼 세이건의 『코스모스』를 읽으며 함께 과학자가 되는 것을 꿈꿨습니다. 그로부터 꼭 30년의 세월이 흘렀습니다. 저는 여러 일을 겪으면서 과학에서 멀어졌습니다. 하지만 마음이 곧은 박 교수는 꿋꿋하게 어려운 과정을 견뎌냈고, 한 명의 훌륭한 연구자로 학계에 자리 잡았습니다.

저는 언론인으로 일하면서 반도체에 대한 기사를 많이 썼습니다. 그러나 박 교수가 이 책에서 쓰고 있는 것 같은 간명하면서도 정확한 표현은 한국어로 된 문헌 어디에서도 보지 못했습니다. 어떤 사안을 정확히 이해하고 있으면 쉽게 설명을 할 수 있습니다. 우주에서 지구로 뛰어내린 스카이다이빙부터 블록체인 기술까지, 박 교수는 과학과 세상이 만나는 다양한 현상을 정교하지만 쉬운 말로 풀어내는 데 성공했습니다.

머나먼 텍사스에 살고 있는 그를 보지 못한 지 오랜 세월이 흘렀습니다. 제게는 이 책이 이렇게 세상만사를 과학으로 고민하면서 잘 지내고 있다고, 옛 친구가 보낸 연하장 같은 느낌입니다.

코로나 2년 2021년의 끝에
**박대기**(KBS 기자)


## ↘ 추천사 ↙

과학과 공학은 전공자에게도 어려운 학문이다. 하지만 우리 모두의 일상을 지배하는 중요한 학문이기도 하다. 이 책은 일상생활 속의 과학 현상과 다양한 공학 기술을 쉽고 친근한 문체로 맛깔나게 풀어냈다. 과학 기술의 재미에 흠뻑 빠져보고 싶은 모든 분들께 이 책을 권한다.

**김윤영**(서울대학교 기계공학부 석좌교수)

# 차 례

초등학생 시절 어느 날, 밖에서 놀다가 집에 오니 어머니께서 누나에게 부력을 열심히 설명하고 계셨다. 부피와 중력으로 부력을 알 수 있다는 것이 매우 흥미로웠다. 어린 시절 과학자는 늘 나의 장래 희망 중 하나였다.

내가 쓰던 야구방망이가 나에게 좀 무겁다는 것을 알아챈 아버지는 공작 기계인 선반을 이용해 방망이 중앙을 파내어 가벼운 방망이로 만들어주셨다. 쇠 냄새, 기름 냄새 풍기는 공장과 요란하게 움직이는 여러 기계는 어린 나의 관심을 끌기에 충분했다.

과학과 공학은 결국 나의 인생이 되었다. 과학고등학교를 졸업하고, 대학에서 기계공학을 전공했다. 그 뒤 내가 배운 것을 학생들과 나누는 일을 직업으로 삼게 되었다. 매우 감사한 일이다.

석사·박사 과정은 나름대로 즐거운 과정이었고 성장의 시간이었으나 학문으로서의 과학과 공학을 집요하게 파고들어 간다는 것은 때때로 따분했고 힘들었으며, 무엇보다 우리 일상과 많이 동떨어진 느낌이 들었다.

그런 부정적 생각은 다양한 상황에서 학생들을 가르치며 조금씩 바뀌어

갔다. 내가 느꼈던 따분함과 어려움을 조금이라도 덜어주기 위해 학생들에게 일상에서 찾아볼 수 있는 과학과 기술을 꾸준히 소개해 주었다. 우리 주변에서 일어나는 많은 자연 현상, 매일 사용하는 전자 기기, 우리가 먹는 약, 신비로운 생명 현상, 과학 관련 뉴스 등등. 과학과 공학 기술을 이해하면 우리의 일상을 더 재미있게 바라보고 이해할 수 있다는 것을 새삼 깨달았다.

2017년 가을, 과학과 공학 기술을 주제로 일반 대중과 소통할 수 있는 소중한 기회를 얻었다. 지인의 소개로 지역 신문에 과학 칼럼을 시작했다. 매달 한 편씩 기고한 칼럼은 이 책의 뼈대가 되었다. 짧은 칼럼에서 못다 푼 이야기를 이 책에 빼곡히 모두 담았다.

이 책을 읽을 독자들을 상상하며 그들에게 이야기해 주듯 글을 써 내려갔다. 어릴 적 과학자가 꿈이던 이웃집 아저씨일 수도 있고, 내일 과학 시험을 치는 중고등학교 학생일 수도 있겠다. 복잡한 과학 지식을 전달하기보다 간결한 과학 지식으로 세상을 색다르게 바라보는 재미를 전달하고자 했다.

평생 수학, 과학, 공학만 가까이했던 내가 책 한 권을 채울 긴 글을 쓸 수 있을까 걱정도 했다. 오래 전 대학 은사님의 말씀에서 용기를 얻었다. 그분은 2004년 MBC 창작동화대상 공모에서 대상을 수상한 서울대학교 기계공학부 김윤영 교수님이다. 교수님께 공학 연구로 삶의 대부분을 보내셨는데 어떻게 문학작품을 쓸 수 있었는지 직접 여쭌 적이 있다. 교수님의 답변이 여전히 기억에 생생하다.

"우리는 계속 논문 쓰잖아."

그랬다. 물론 다른 종류의 글이긴 하지만 모든 글쓰기는 문자라는 도구를 이용해 생각을 표현하는 과정이다. 논문 쓰기가 글쓰기 연습이었다는 은사님의 말씀에서 큰 용기를 얻었다.

어려운 수학을 사용하지 않고 일상 속의 과학과 기술을 이야기로 풀어내는 것은 즐거움이기도 했지만, 한편으로는 큰 도전이기도 했다. 집필 과정에서 간결한 설명 방법이나 마땅한 비유를 찾지 못해 여러 번 난관에 부딪힌 적이 있다. 그럴 때마다 나는 아내를 찾았다. 조금 더 쉽고 맛깔나는 표현, 비전공자들도 관심이 갈 만한 비유와 사례를 찾는 데 아내가 많은 도움을 주었다. 감사의 마음을 전한다.

이 책을 집필하며 책 한 권이 완성되기까지 많은 분의 격려와 도움이 밑거름이 된다는 것을 깨달았다. 서울시립대학교의 조재성 교수님은 내가 쓴 칼럼을 책으로 엮을 수 있게 적극 추천해 주셨고, 출판사도 소개해 주신 은인이다. 더불어 출판을 기획해 주신 한울엠플러스(주) 김종수 대표님과 윤순현 차장님, 편집부 분들께 감사드린다.

# 01

## 과학으로 읽는 뉴스

# 1 스카이다이빙으로 배우는 과학

## 어느 스카이다이버의 낙하 실험

2012년 10월 14일, 뉴멕시코주 동쪽 벌판. 구름 한 점 없이 맑고 바람도 세지 않습니다. 아득히 높은 하늘에서 무언가 떨어지고 있습니다. 자세히 보니 사람입니다. 우주복을 입은 사람이 계속 낙하하더니 마침내 낙하산을 펴고 사뿐히 지상에 내립니다. 단순히 스카이다이빙을 즐기는 것 같지는 않습니다. 불편해 보이는 우주복과 온갖 전자 장치를 부착하고 있었으니까요. 심지어 땅에 내려온 스카이다이버는 세상을 다 가진 것처럼 두 팔을 들어 성공의 기쁨을 만끽합니다.

펠릭스 바움가르트너(Felix Baumgartner)는 호주의 전문 스카이다이버입니다. 이 스카이다이빙은 호주의 한 음료수 회사가 후원한 기록 경신 이벤트였습니다. 그리고 사람이 과연 얼마나 높은 곳에서 스카이다이빙이 가능한지, 얼마나 빠른 속도로 낙하할 수 있는지 등에 대한 과학 실험이기도 했습니다. 또 항공기 높이보다 높은 곳에서 낙하산만 가지고 낙하해야 한다면 어떤 어려움이 있는지, 사람이 그 낙하 조건을 견딜 수 있는지, 그리고 어떤 과학적·기술적 조건을 갖추어야 하는지를 점검할 수 있는 실험이었습니다. 준비 기간만 5년이 걸렸다고 합니다.

펠릭스는 커다란 헬륨 풍선에 달린 작은 우주선 모양 캡슐에 몸을 싣고 39km 상공에 올라간 뒤 낙하했습니다. 지구의 대기는 지상에서 올라갈수록 기압과 성분, 온도가 달라지는데, 그 특성에 따라 대류권, 성층권, 중간권, 열권 등으로 나뉩니다. 성층권과 중간권의 경계가 대략 고도 40km에서 50km 정도 되니까 펠릭스는 성층권의 끝자락에서 뛰어내린 것입니다. 에베레스트산보다 4배 높고 항공기 운항 높이보다 세 배 높은 높이입니다. 그 높이에서는 온도가 영하 30도에 달하고 기압도 지상 기압의 1%도 되지 않습니다. 낮은 기압과 온도를 견디기 위해 우주복과 같은 형태의 옷을 입고 낙하했습니다.

이 낙하에서 펠릭스는 비행기나 자동차의 도움 없이 초음속으로 움직인 최초의 인류가 되었습니다. 소리의 속도가 대략 시속 1235km인데 펠릭스의 낙하속도는 약 시속 1357km까지 도달했다고 합니다. 물체의 속도가 음속에 도달할 때 충격파라는 것이 생깁니다. 사람이 자유낙하 하면서 음속에 도달하면 입고 있는 특수 옷이 몸을 보호해 주어야 합니다. 펠릭스를 보호하기 위해 우주복을 사용한 것은 당연한 선택이었겠지요.

사람이 자유낙하 하면 계속 속도가 올라갈까요? 몸을 곧게 일직선으로 하고 수직으로 떨어지면 낙하 속도는 꽤 올라갈 수 있습니다. 문제는 속도가 너무 올라가면 낙하 과정을 전혀 제어할 수 없고 특히 낙하산을 펼 때 엄청난 저항력이 순간적으로 몸과 낙하산에 가해지기 때문에 위험합니다. 스카이다이버들이 팔다리를 넓게 벌려서 수평 자세를 취하는 이유가 여기에 있습니다. 공기의 저항력을 이용해 중력에 의한 낙하 속도 상승을 더디게 하는 것입니다. 이는 빗방울에서도 확인할 수 있습니다. 빗방울이 아주 높은 곳에서 떨어지더라도 바닥에 닿을 때는 그렇게까지 빠르지는 않습니다. 이것은 아래로 당기는 중력과 공기의 저항력이 상쇄되어 빗방울의 낙하 속도가 일정하게 유지되는 현상으로 이 속도를 종단 속도라고 부릅니다.

펠릭스의 낙하 실험에서 사람들이 가장 우려한 것은 플랫 스핀(flat spin)

이라는 현상입니다. 높은 고도에서 낙하할 때 생기는 이것은 희박한 공기가 낙하하는 사람의 몸에 비대칭적인 힘을 주어 한쪽으로 계속 회전하게 만드는 현상입니다. 지상 가까이 도달하면 공기 밀도가 상대적으로 높기 때문에 공기가 오히려 플랫 스핀을 방해하는 요소로 작용합니다. 높은 낙하속도보다 플랫 스핀이 위험한 이유는 정신을 잃을 수도 있기 때문입니다.

비행기가 고속으로 날아도 승객은 크게 불편함을 못 느낍니다. 하지만 훨씬 느린 속도로 회전하는 놀이 공원 시설에서는 큰 짜릿함을 느낍니다. 회전할 때는 회전 원의 바깥쪽으로 원심력을 받기 때문입니다. 플랫 스핀 현상으로 낙하하는 사람의 몸이 돌면 머리와 발쪽으로 피가 쏠려 순간적으로 정신을 잃을 수 있습니다. 다행히 펠릭스는 잠시 플랫 스핀 현상을 겪은 뒤 자세를 바로잡을 수 있었습니다.

글로 전달할 수 없는 부분이 있습니다. 인터넷에서 펠릭스 스페이스 점프(Felix Space Jump)를 검색해 보시면 당시 영상을 쉽게 찾아볼 수 있습니다. 감동적인 인간의 도전 정신을 보실 수 있습니다. 펠릭스가 낙하 직전, 지상 관제탑에 남긴 말을 옮깁니다.

"제가 지금 보고 있는 걸 여러분도 보셨으면 좋겠습니다. 이렇게 높은 곳에 와보니 우리가 얼마나 작은 존재인지 알게 되는군요. 자 그럼, 이제 집으로 가겠습니다."

## 낙하산 없이 낙하할 수 있을까?

2016년 7월에는 스카이다이버 루크 아이킨스(Luke Aikins)가 7620m 상공에서 낙하산 없이 점프하여 도착 지점에 설치된 대형 그물에 안착했습니다. 물론 안전을 위해 비상용 낙하산은 메고 있었지만, 낙하가 성공적으로 진행되어 낙하산을 펴지 않고 지상까지 내려왔습니다. 이벤트의 성격이 짙긴 했지만, 낙하산이 펴지지 않거나 사고로 분실한 상태에서 낙하하는 경우 우리에게 어떤 선택지가 있는지를 알아보는 실험으로 꽤 의미가 있었습니다.

상공에서 빠른 속도로 낙하더라도 낙하산이 있거나 안전그물 위로 떨어지면 안전하게 지상에 내릴 수 있습니다. 역학적으로 이야기를 풀어보겠습니다. 물리학에는 운동량이라는 개념이 있습니다. 운동량은 움직이는 물체의 질량과 속도의 곱으로 정의됩니다. 그런데 이 운동량은 외부에서 힘을 주기 전까지는 보존되는 성질이 있습니다. 2013년 개봉한 영화 〈그래비티〉에 이런 장면이 나옵니다. 한 우주 비행사가 우주선 외부에 있다가 사고를 당해 우주선에서 계속 멀어지는데, 이것은 주인공의 운동량이 보존되어 운동 방향으로 끊임없이 이동한다는 뜻입니다. 개인 추진 장치가 있다면 운동량을 변화시켜 우주선으로 되돌아올 수 있지만, 영화에서는 그것마저 고장이 났습니다. 결국 우주 비행사는 우주 미아가 됩니다.

하늘에서 떨어지고 있다면 그 운동량은 어마어마할 것입니다. 그 운동량을 상쇄할 수 있는 힘을 반대 방향으로 주어야 합니다. 그런데 물리학에서 운동량을 힘으로 상쇄할 때는 충격량을 주어야 합니다. 충격량은 공급한 힘과 힘이 작용한 시간의 곱입니다. 즉 같은 운동량을 가진 물체를 멈추게 할 때 힘을 많이 주면 짧은 시간에 멈출 수 있고 힘을 조금만 주면 오래 걸린다는 뜻입니다. 추락 사고로 큰 부상을 당하거나 사망하는 것도 충격 시 힘이 작동하는 시간이 매우 짧아 결과적으로 작용하는 힘이 크기 때문입니다. 낙하산과 안전그물은 힘이 매우 천천히 긴 시간에 걸쳐 작용하게 해주기 때문에 안전한 것입니다.

앞에 이야기했던 성층권에서의 낙하 실험은 호주의 한 음료수 회사에서 후원했습니다. 회사 제품과는 관련 없는 이 실험을 후원한 것은 나름의 마케팅 전략의 결과였겠지만, 2020년 5월에 나사와 민간 기업 스페이스 엑스가 협업으로 유인 우주선을 발사한 것과 연결해서 생각해 보면 시대가 변하고 있음을 감지할 수 있습니다. 우주 개발처럼 대규모 자본과 긴 시간이 들어가는 과학 프로젝트는 전통적으로 국가가 주도했습니다. 하지만 과학 프로젝트를 통해 얻는 이익이 크고 다양해지면서 대규모 과학 실험이나 기술 개발이 민간 자본과 만나는 일은 앞으로 더 많아질 것입니다.

## 2  인간을 앞지르는 인공지능

2016년 3월 13일, 서울의 한 호텔 바둑 대회 현장. 바둑기사가 심사숙고 끝에 흰 돌 하나를 놓습니다. 상대 바둑기사는 무뚝뚝하게 그 돌을 보더니 옆에 있는 컴퓨터 화면을 응시합니다. 경기를 중계하던 사람들과 관람객 모두 서서히 술렁이기 시작합니다. 검은 돌과 흰 돌이 몇 번 더 공방을 한 후 중계석은 흰 돌의 우세를 점치기 시작합니다.

인류 바둑 역사에 영원히 남을 장면은 이렇게 탄생했습니다. 알파고와의 네 번째 대국에서 이세돌이 78번째로 둔 돌을 많은 사람들이 신의 한 수라고 부릅니다. 바둑 인공지능을 상대로 인간이 거둔 마지막 승리가 될 것이라고 예측하기도 합니다.

인공지능을 전공하지 않은 사람들에게 그것은 여전히 모호한 기술임이 틀림이 없습니다. 그렇기에 계속 호기심이 생기는 것도 사실입니다. 요즘은 단순한 제어 시스템을 인공지능이라고 부르지는 않습니다. 하지만 기술 발전사를 펼쳐놓고 보면 인공지능의 출현은 아주 간단한 자동 제어 장치에서 출발했다고 볼 수 있습니다.

실내 온도조절기를 생각해 봅시다. 간단한 온도조절기는 실내 온도와 설정 온도를 비교해 에어컨디셔너 혹은 보일러를 켜고 끕니다. 실내 온도를 측정하는 감지 장치가 있어야 하며, 온도를 비교하고 판단하는 낮은 수준의 지적 사고도 수행해야 합니다. 처음에는 기계 장치로 만들다가 후에는 전자 장치로 교체되었습니다.

이 기초 수준의 온도조절기에서 설정 온도를 정해주는 것은 바로 사용자입니다. 사용자가 춥거나 더우면 설정 온도를 바꾸죠. 여기에서 재미있는 의문이 생깁니다. 사용자가 정해주는 설정 온도가 과연 여러 가지 측면에서 최상의 선택인가, 그리고 하루, 일주일, 한 달 등 긴 시간 단위로 실외 온도를 측정하고 예상한다면 최적의 실내 설정 온도는 어떻게 바뀌어야 할까 등입니다. 더 많은 데이터와 복잡한 판단 과정이 필요합니다. 이렇듯 단순 자동 제어 시스템을 넘어서서 보다 진보된 형태의 자동 시스템을 개발하는 과정에서 인공지능이 출현했습니다.

## 학습하는 인공지능

단순 자동 제어 시스템과 달리 인공지능은 학습 과정을 거쳐 완성됩니다. 전통적인 자동 시스템은 만들 때부터 모든 것이 고정적으로 설계된다고 볼 수 있습니다. 예컨대 전통적 방식의 온도조절기는 측정 온도와 설정 온도의 차이가 어느 수준 이상이기만 하면 예외 없이 에어컨이나 보일러를 가동합니다. 하지만 인공지능이 있다면 다른 요소들을 고려할 수 있습니다. 예컨대 실내가 일시적으로 춥더라도 외부 온도가 조만간 올라갈 것이라는 일기 예보를 알고 있다면 굳이 실내 온도를 조절하지 않아도 될 것입니다. 또 실내 온도가 지금은 쾌적하더라도 날씨가 추워질 거라는 예보가 있다면 미리 실내 온도를 조금씩 올리는 것이 더 좋은 선택일 수도 있지요.

요즘 개발되고 있는 인공지능은 범위도 넓고 방식도 매우 다양합니다. 학문적으로나 기술적으로 완성된 방법론이 아니고 아직도 활발히 연구 개발이 진행되고 있습니다. 여기서는 가장 기초가 되는 인공지능을 구현하는 방식을 간단히 알아보겠습니다.

## 인공지능의 학습 과정

인공지능은 학습이라는 과정을 통해 완성됩니다. 학습 방법에는 여러 가지가 있는데 주로 세 가지 유형이 많이 연구되고 있습니다. 지도 학습, 비지도 학습, 강화 학습이 그것입니다.

지도 학습은 인공지능 알고리즘을 학습시킬 때 알고리즘이 내놓은 결과가 맞는 답인지 틀린 답인지를 인공지능에게 알려주어 인공지능이 발전할 수 있게 해주는 방법입니다. 우리가 아이들에게 무언가를 가르칠 때와 비슷합니다. 예컨대 아이들은 어떻게 사과를 사과로 알게 되고, 나무를 나무로 알게 될까요? 어른들이 끊임없이 사과를 사과라고 부르고 나무를 나무라고 말하기 때문입니다. 또 아이가 사과를 나무라고 부르면 나무가 아니라 사과라고 알려줍니다. 이 방법을 인공지능 학습에 적용합니다. 사과 사진을 인공지능에 넣어주면서 사과라고 알려주고, 사과가 아닌 사진을 보여주며 그것은 사과가 아니라고 알려줍니다. 그러면 인공지능 알고리즘은 색깔과 모양, 크기 등 사과의 특성을 모아 기억하고 학습이 완성되면 새로운 사과 사진이 입력되었을 때 사과라고 판단합니다.

비지도 학습이라는 것도 있습니다. 이것은 여러 정보를 분류할 때 많이 쓰이는데요, 학습 과정에서 정답을 따로 알려주지 않는 방식입니다. 예를 들어 수많은 종류의 동물 그림을 보여주고 비슷한 종류로 나누어 모으는 일에 적합한 방식입니다. 그렇게 나눈 각 그룹의 의미는 추후에 결과를 사용하는 사람이 부여하면 되겠지요.

알파고가 강화 학습을 통해 완성된 인공지능이라는 것이 알려지면서 강화 학습이 많은 관심을 받았습니다. 강화 학습은 알고리즘의 개별 선택 행위 하나하나에 대한 평가 결과를 개발자가 알려주지 않습니다. 행위 결과에 대해 보상이 이루어질 뿐입니다. 예를 들어 우리가 걷는 행위를 배울 때 어느 다리의 어떤 근육에 얼마나 힘을 주어야 하는지 하나하나 지도받지 않습니다. 수많은 시도와 실패를 거듭하다가 성공했을 때 걸을 수 있게 된 성취감과 어른들의 칭찬을 보상으로 받으며 스스로 학습하게 됩니다. 인간의 지적·육체적 활동은 대부분 이렇게 학습됩니다.

바둑처럼 복잡한 게임도 마찬가지입니다. 바둑돌 하나하나의 위치가 좋은 선택인지 아닌지 지도해 줄 수는 없습니다. 게임이 끝난 뒤에 비로소 알 수 있습니다. 수백 개의 돌이 서로 어우러져 만드는 바둑 게임에서 특정 한 수가 과연 결과에 좋은 영향을 주었는지 아니었는지 바로 알아내기는 쉽지 않습니다. 걸음마를 시작하는 어린이와 같은 상황이지요.

이렇게 어려운 문제를 해결하기 위해 강화 학습 방법의 인공지능이 탄생했지만, 이 방법을 구현하는 것도 쉬운 일은 아닙니다. 사람은 뇌라는 엄청난 컴퓨터가 이미 내장되어 있지만, 인공지능을 위해서는 우리가 뇌를 만들어주어야 합니다. 컴퓨터 중앙 처리 장치를 넘어서는 것입니다. 왜냐하면 여기서 우리가 필요로 하는 것은 단순히 계산을 빨리하는 컴퓨터의 뇌가 아니라 학습을 할 수 있는 뇌를 만들어야 하기 때문입니다.

이 어려움을 컴퓨터 공학자들은 독특한 소프트웨어와 대용량 하드웨어로 극복했습니다. 소프트웨어 부분을 위해 신경망이라고도 불리는 뉴럴 네트워크(neural network)와 딥 러닝(deep learning) 방법이 사용됩니다. 전문 용어가 많이 나오기는 하지만 이름을 하나하나 뜯어보면 그 의미를 알 수 있습니다. 인공지능에서의 신경망은 인간의 뇌가 작동하는 원리를 소프트웨어에서 구현하기 위해 만든 개념입니다.

## 사람의 뇌를 닮은 인공지능 구조

인간의 뇌와 신경계는 매우 정교하게 설계되어 있어서 인간의 지능과 학습 능력은 마치 누군가 생물학적으로 준비해 둔 것처럼 보일 정도입니다. 우리의 뇌와 신경계에는 뉴런이라고 불리는 수많은 신경 세포가 있습니다. 이 뉴런들은 서로 연결되어 있는데 이 연결 부위를 시냅스(synapse)라고 부릅니다. 시냅스에서는 화학 물질이 생성되고, 이로써 전기 신호가 흐릅니다. 우리가 외부 자극을 감지하여 그에 따라 생각하고 판단하는 모든 작용은 이 뉴런과 시냅스 때문에 가능합니다.

신경 세포의 개수는 유아기를 정점으로 더 늘어나지 않는다고 합니다. 신경 세포의 개수만이 지능을 결정하는 것은 아닙니다. 바로 뉴런이 어떻게 연결되는지가 훨씬 중요합니다. 시냅스로 연결된 뉴런의 전체 연결 구조를 신경망이라고 하는데 이 신경망은 개인이 어떤 환경에 노출되고 어떤 교육과 훈련을 받느냐에 따라 크게 좌우됩니다.

예컨대 전문 악기 연주자는 처음 보는 악보라도 어느 정도 실수 없이 연주할 수 있습니다. 이것은 오랜 훈련으로 연주자의 신경망이 악기 연주에 맞게 구축되었기 때문입니다. 악보를 보았을 때 뇌로 들어간 음악 정보가 비전공자보다 월등히 빠른 속도로 신경망에서 처리되고, 뇌는 다시 운동 뉴런에 신호를 보내어 근육을 움직여 연주하게 됩니다. 이것은 운동이나 수학 문제 풀이 등에도 비슷하게 적용됩니다.

인공지능의 뉴럴 네트워크에서는 신경 세포에 해당하는 기본 프로그램 단위들이 있고, 그 단위들의 연결은 학습을 통해 발전할 수 있습니다. 이러한 프로그램 단위를 퍼셉트론(perceptron)이라고 부릅니다. 복잡한 문제를 풀기 위해서는 엄청난 수의 퍼셉트론과 그들이 이루는 다층의 레이어(layer)가 필요합니다. 신경망의 다층 레이어를 이용하여 강화 학습을 시켜 인공지능을 만드는 패러다임을 딥 러닝(deep learning)이라고 합니다. 다층 레이어 때문에 구조가 깊어졌다(deep)는 인상을 주기 때문에 붙인 이름입니다.

이렇게 구축된 인공 신경망이 사용자가 원하는 기능을 학습하려면 엄청난 양의 계산과 시행착오가 있어야 합니다. 그래서 컴퓨터 하드웨어도 매우 중요한 요소가 됩니다. 예컨대 알파고는 약 1000개의 컴퓨터 중앙 처리 장치와 100개가 넘는 그래픽 처리 장치(계산용으로 사용)를 사용하였습니다. 그러다 보니 전기 사용량도 어마어마했다고 합니다.

## 알파고로 바뀐 인공지능의 위상

바둑은 컴퓨터 알고리즘으로 정복하기에는 불가능한 게임이라고 여겨졌습니다. 적어도 알파고가 이세돌을 이기기 전까지는 그랬습니다. 그도 그럴 것이 경우의 수가 너무 많기 때문입니다. 돌을 놓을 수 있는 교차점의 개수는 전부 19 × 19, 즉 361칸입니다. 상대가 돌 하나를 놓고 나면 360개의 빈칸 중 하나에 돌을 놓아야 합니다. 내가 이곳에 놓으면 상대가 저곳에 놓고 그러면 나는 다시 이렇게 놓고를 미리 생각하는 것을 수읽기라고 하는데 그 경우의 수가 너무 많습니다. 아무리 컴퓨터라고 해도 이 모든 경우의 수를 다 고려해 실제 돌 놓는 곳을 결정한다는 것은 불가능합니다.

사람들은 바둑이라는 게임에 일종의 정석을 만들어서 기본 틀을 익히고 그 안에서 본인의 전략과 기풍에 따라 바둑을 둡니다. 수읽기도 그런 틀에서 행하는 것이지 전혀 무작위의 경우를 고려하는 것은 아닙니다. 이러한 이유로 인공지능을 이용한 바둑 알고리즘이 이렇게 강력하리라고 생각한 사람은 흔치 않았습니다. 알파고는 인공지능의 학습 능력이 얼마나 강력한지를 우리에게 알려주었습니다.

알파고는 이미 치러진 수많은 바둑 대국을 학습 자료로 사용했습니다. 놀라운 것은 알파고보다 더 진보한 바둑 인공지능 알파고제로는 사람들이 둔 바둑 대국을 전혀 보지 않고 인공지능 자신과 바둑 경기를 해서 어느 것이 더 좋은 바둑 전략인지 스스로 찾아낸다는 점입니다. 수천 년의 인간 바둑 역사를 몇 시간 만에 따라잡아 사람보다 훨씬 앞선 바둑기사가 되었습니다.

요즘 바둑기사들은 인공지능이 둔 바둑을 보면서 공부한다고 합니다. 심지어 프로 입단 대회에서 인공지능을 이용한 부정행위가 적발되기도 했습니다. 이세돌 9단은 2019년 은퇴를 선언하면서 인공지능의 출현도 은퇴를 결정하는 데 영향을 주었다고 밝혔습니다. 인간이 이길 수 없는 바둑 실력을 갖춘 존재의 출현, 그것이 인간이 만든 컴퓨터 프로그램이라는 점에 혼란을 느꼈다고 합니다. 하지만 흥미롭게도 은퇴 대국 상대로 한국의 인공지능을 선택했습니다.

2016년 알파고와 이세돌의 대국 직전까지도 알파고의 압도적인 승리를 예상하는 사람은 거의 없었습니다. 그러나 3년 뒤 이세돌의 은퇴 경기를 앞두고서는 이세돌의 승리를 예상하는 사람을 찾아보기 어려웠습니다. 우리가 인공지능을 보는 시각이 얼마나 바뀌었는지 알 수 있습니다.


## 3 빛코인? 빚코인? 비트코인!

2018년 초, 실로 광풍이 일었습니다. 전 세계가 비트코인을 외쳤으니까요. 뉴스는 말할 것도 없고 사람이 모이는 곳이면 으레 대화의 주제가 되었습니다.

어떤 이들은 기존 화폐 경제에 새로운 '빛'을 비추는 혁신이라고 말했습니다. 또 다른 이들은 잘못 투자하면 '빚'더미에 깔릴 수 있다고 경고했습니다. 비트코인은 컴퓨터 네트워크에서 사용자 간 상업거래를 위해 개발되었습니다. 비트코인의 기술적 부분과 경제적 의미에 대해 이야기해 봅시다.

## 비트코인이란?

현재 전자 상거래 구조에서는 재화나 서비스를 사고팔 때 은행을 통한 온라인 송금이나 신용카드 결제를 이용합니다. 성공적인 거래를 위해서는 금융기관 온라인 시스템의 안전성이 보장되어야 합니다. 은행 서버도 가끔 해킹되는 일이 있기 때문에 100% 안전하지는 않습니다. 이 단점을 해결하기 위해 비트코인이 개발되었습니다. 이것이 중앙에서 모든 것을 제어하는 방식에서 탈피해 사용자가 직접 연결되는 탈중앙 방식인 P2P 기술의 탄생 배경이라 할 수 있습니다.

사토시 나카모토라는 가명을 쓰는 비트코인 개발자는 소문만 무성할 뿐 정체가 정확히 알려져 있지는 않습니다. 비트코인은 이 개발자가 만든 가상의 화폐이며, 디지털 데이터 형태로 컴퓨터에서만 존재합니다. 개발자는 이 화폐 데이터의 소유와 교환을 안전하게 보장하기 위해 전체 시스템을 중앙 집권적이 아닌 분권적으로 설계했습니다. 새롭게 생성되는 비트코인이나 사용자 간의 비트코인 교환은 모두 거래 내역에 기록됩니다. 이 거래 기록을 통해 개개인이 비트코인을 얼마나 가지고 있는지 확인할 수 있으므로 추후 거래에서 서로를 신뢰할 수 있습니다. 특징적인 것은 이 거래 기록을 비트코인 사용자 모두가 공유한다는 점입니다. 비트코인 시스템에서는 10분에 한 번씩 거래 기록이 갱신되고 이 정보를 모든 사용자가 공유합니다. 따라서 어느 특정 컴퓨터 속의 거래 기록을 바꿔봤자 다른 수

많은 사용자의 컴퓨터에 옳은 정보가 있기 때문에 국지적인 해킹이나 정보 조작은 금방 무용지물이 됩니다. 물론 이 거래 내역은 철저히 암호화되므로 본인의 거래 내역만 개인 패스워드로 열어볼 수 있습니다.

비트코인 시스템에서는 누군가가 모든 사용자의 거래 내역을 10분 단위로 모아 데이터 처리를 수행해 주어야 합니다. 이 과정은 컴퓨터를 이용해 복잡한 암호를 풀어야 완료되도록 설계되어 있습니다. 거래 기록을 모아 정리에 성공하면 그 보상으로 시스템으로부터 비트코인을 받게 되는데, 이 기록 정리를 채굴이라고 부릅니다. 채굴 과정에서 암호를 풀려면 고성능 컴퓨터가 필요하고, 암호풀이는 갈수록 더 어려워지게 설계했다고 합니다. 비트코인을 보상받으려는 전문 채굴 업체도 여럿 등장했는데, 싼 전기료와 대규모 고성능 컴퓨터가 필수 요소입니다. 10분마다 정리된 거래 기록은 블록(block)이라 불리며, 시간순으로 쌓인 블록이 마치 일렬로 연결된 듯 보인다 하여 블록체인(block chain) 기술이라고 부릅니다.

개발자가 꿈꾼 비트코인 사용 방식은 다음과 같습니다. B가 A에게서 물건을 사려고 합니다. A는 B에게 판매 대금으로 비트코인을 특정량 달라고 합니다. B는 비트코인 시스템에 들어가서 비트코인 송금으로 A에게 비용을 지급하고 이를 확인한 A는 물건을 B에게 줍니다. B가 A에게 준 비트코인 송금 내역은 앞에서 말한 거래 내역에 기록되고 누군가의 채굴을 통해서 거래 내역 블록으로 완성됩니다.

문제는 그다음입니다. 비트코인은 좀 더 쓰기 편한 화폐로 환전해야 할 때가 있습니다. 비트코인을 받은 A가 C에게서 물건을 사고 싶지만, C가 아직 비트코인을 받지 않는다면 A는 비트코인을 원화 혹은 달러 등으로 바꿔야 합니다. 마찬가지로 앞에서 예를 든 B도 만약 거래 시에 비트코인이 없다면 기존 화폐를 이용해 비트코인을 사야 합니다. 이렇게 비트코인과 널리 사용되는 화폐를 연결하는 곳이 비트코인 거래소입니다. 이곳에 계좌를 만들어 원화 혹은 달러 등의 돈을 예치하고 비트코인 같은 가상화폐를 살 수 있습니다.

## 투기인가, 투자인가

큰 문제가 되는 것은 바로 이 거래소의 역할입니다. 많은 사용자가 거래소를 투기 목적으로 이용하고 있습니다. 비트코인이 필요해서가 아니라 시세 차익을 노리고 사는 것입니다. 이는 비트코인의 기반 기술인 블록체인 기술의 발전과 무관합니다. 블록체인 기술을 이해한다고 해서 비트코인 투자에 성공하는 것도 아닙니다. 비트코인은 거래소에서 대리로 소유하며, 사용자는 언제라도 시세가 오르면 팔아서 차익을 얻으려 합니다. 관련 규제와 법률이 아직 완벽하게 준비되어 있지 않은 점도 문제입니다. 익명 거래가 가능하다는 점에서 지하경제 자금의 유통경로가 될 수도 있고 상속세나 증여세 회피용으로 악용될 여지도 있습니다.

비트코인이 전 세계를 투기 광풍으로 몰아넣고 사라진 기술이 될지, 아니면 여러 단점을 보완하여 전자 상거래의 새로운 지평을 열지 아무도 모릅니다. 확실한 것은 좋은 기술은 반드시 살아남아 우리 삶을 더 편리하게 해 줄 거라는 점입니다. 그것이 인류가 과학기술을 발전시키는 이유니까요.

## 튤립으로 배우는 투기의 역사

비트코인을 둘러싼 투기 경향을 조심스럽게 바라보는 입장에서 과거 네덜란드에서 발생했던 튤립 투기 파동에 대해 잠시 알아보겠습니다. 튤립과 비트코인은 전혀 다른 종류의 거래품이지만, 그 속을 들여다보면 비슷한 점이 꽤 많습니다.

17세기 네덜란드에서는 튤립 가격이 갑자기 폭등합니다. 유럽에서 대항해 시대가 열려 아시아의 나라들을 식민지로 만들던 시기였습니다. 자본이 축적되어 상업이 발달한 시기이기도 합니다. 터키가 원산지인 튤립이 네덜란드로 유입된 뒤 가격이 오르고 사재기도 벌어졌습니다. 단기간에 가격이 오르자 많은 이들이 시세 차익을 노리면서 투자 수요가 증가해 가격이 더 오르는 악순환이 계속되었습니다. 튤립 한 송이 가격이 당시 숙련공의 10년 소득에 맞먹을 정도로 올랐다고 합니다. 그러던 튤립 가격이 1637년 갑자기 폭락합니다. 버블이 꺼진 것입니다. 튤립 투자금이 튤립 생산에 원활히 투입되지 않으니 버블이 꺼지는 것은 당연했습니다.

투기 대상이 되는 것은 대부분 미래 가격을 점치기 어렵습니다. 이는 새로운 재화나 신기술의 특징이기도 합니다. 반대로 미래 가격이 쉽게 예상되는 재화가 투기의 대상이 되는 경우는 드뭅니다. 프린터용 종이를 만드는 산업을 생각해 봅시다. 5년 뒤에 나올 프린터용 종이 가격은 어떨까요? 지금과 큰 차이가 없을 겁니다. 종이 생산에 첨단 기술이 필요하지도 않고 세상을 바꿀 최첨단 종이가 나올 것 같지도 않으니까요. 비트코인이 목표로 하는 전자 상거래는 어떤가요? 누구나 이 전자 상거래가 더 발전할 것으로 예상하지만, 얼마나 더 커질지 가늠하기 어렵습니다. 게다가 보안 문제라는 큰 걱정이 여전히 남아 있어서 기술 발전이 필요한 영역이죠. 다시 튤립 얘기로 돌아가 보면, 네덜란드에 갓 들어온 튤립도 그 미래가치를 정확히 짚어내기 어려웠겠죠. 미적으로 분명히 가치 있는 작물이기도 했고, 게다가 네덜란드에는 없던 꽃이었으니까요.

튤립은 알뿌리를 심으면 얼마 지나지 않아 꽃을 피우는 다년생 식물입니다. 하지만 알뿌리가 아닌 씨를 심어 꽃을 보려면 3년에서 7년이 걸린다고 합니다. 공급이 매우 제한적이죠. 비트코인과 매우 유사한 상황입니다. 비트코인도 개수는 한정되어 있는데 수요가 몰리면서 가격이 폭등한 것입니다. 씨를 심고 오래 기다려야 튤립 꽃을 볼 수 있다는 점도, 많은 전기와 오랜 시간을 들여야 비트코인을 얻을 수 있는 채굴 작업과 비슷합니다.

튤립 투기는 원예 기술 향상에 공헌하지 못했습니다. 그렇다면 비트코인은 어떨까요? 비트코인의 과열 양상이 과연 이 신기술을 우리가 이용하는 데 도움이 될지 생각해 보면 좋겠습니다. 네덜란드의 튤립 버블과 더불어 역사에 남은 경제 버블로는 영국 사우스 시(South Sea) 버블이 있습니다. 물리학자 아이작 뉴턴(Isaac Newton)은 남미 무역 독점권이 있던 회사 사우스 시의 주식을 사고팔아 큰 수익을 올립니다. 뉴턴은 같은 회사에 다시 투자했으나 주식 폭락으로 원금까지 잃고 말았습니다. 해당 주식 가격은 4개월 만에 약 8배가 오르고 그 뒤 3개월 만에 원래 수준으로 폭락했으니, 전형적인 투기였습니다. 만유인력의 법칙을 발견한 뉴턴이지만, 사람들의 투기 심리는 알기 어려웠나 봅니다.

## 비트코인 채굴과 컴퓨터

비트코인에 대한 관심이 절정에 달한 2018년 당시, 갑자기 컴퓨터 그래픽카드가 많이 팔리고 그래픽카드 회사의 주가가 오르는 기현상이 발생했습니다. 앞에서 이야기한 대로 비트코인은 채굴이라는 작업을 통해 새롭게 생성됩니다. 이를 위해 컴퓨터는 간단하지만 시간이 오래 걸리는 계산을 수행해야 합니다.

사람의 뇌에 해당하는 컴퓨터 CPU(central processing unit)는 대개 연산을 담당합니다. 하지만 컴퓨터 화면을 사용자에게 보여주기 위한 연산은 CPU가 하지 않고 다른 부분이 담당합니다. 왜냐하면 컴퓨터 디스플레이를 위한 연산은 특정 종류의 단순 계산이 많고, CPU는 다양한 종류의 계산을 두루두루 잘하도록 설계되어 있기 때문입니다. 그래서 화면을 띄우기 위해 컴퓨터에는 그래픽카드라는 것이 내장되어 있죠. 이것은 마치 우리가 직접 사칙 연산을 할 수도 있지만 단순한 계산은 계산기에 맡기고 우리의 뇌는 좀 더 어려운 작업에 사용하는 것과 비슷하다고 할 수 있습니다.

그래픽카드의 뇌는 GPU(graphics processing unit)라고 부릅니다. 화면이 컬러로 바뀌고 화소 수도 높아지고 3차원 영상을 이용한 게임도 등장하면서 GPU도 함께 발전했습니다. 그런데 요즘 컴퓨터는 GPU를 디스플레이가 아닌 다른 계산 작업에도 사용할 수 있습니다. 항상 영상 처리 계산을 하는 것은 아니기 때문에 GPU가 쉴 때는 다른 계산 작업도 시킬 수 있습니다. 단순한 계산기만 쓰던 우리가 성능 좋은 컴퓨터를 사용하게 되면서 더 복잡하고 힘든 일을 컴퓨터에 맡기게 된 것과 비슷합니다. 이것이 비트코인 채굴에 GPU를 사용하게 된 배경입니다. 여기에는 병렬 계산법도 사용됩니다. 긴 계산을 조각으로 나누어 여러 개의 GPU에 하나씩 할당한 뒤 계산 결과를 나중에 합치는 방법입니다. 그래서 그래픽카드를 병렬로 수십 개 연결해 비트코인을 채굴하는 전문 업체도 등장한 적이 있습니다.

성능이 강력한 슈퍼컴퓨터로 비트코인을 채굴하면 어떨까요? 슈퍼컴퓨터 자체가 워낙 비싸고 유지 보수에 많은 비용이 들기 때문에 대부분 연구소나 국가 기관이 관리합니다. 외국에서 비트코인 채굴에 슈퍼컴퓨터를 불법으로 사용하다가 걸린 연구원, 학생 등의 사례가 가끔 뉴스에 나옵니다. 슈퍼컴퓨터로는 더 의미 있는 작업을 해야겠습니다.

### 암호화 기술

비트코인 채굴 과정에 암호를 푸는 작업이 포함되듯이 전자 상거래처럼 보안이 필요한 인터넷 공간에서는 항상 암호화 작업이 수행됩니다. 정보 전달 과정에서 누군가 그 정보를 빼내더라도 내용을 알아볼 수 없도록 만드는 것입니다.

아주 먼 옛날에도 암호화 기술을 사용했습니다. 어떤 나라에서 적국의 눈을 피해 아군에게 비밀 지령을 내리는 경우를 생각해 봅시다. 먼저 암호 키를 이용해 문서를 암호화합니다. 예컨대 알파벳을 순서대로 쓰고 각 알파벳을 같은 수만큼 오른쪽으로 옮기는 암호법을 생각해 봅시다. 만약 암호 키가 2라면 a는 두 알파벳 뒤인 c로 바뀌고 b는 d가 됩니다. 따라서 water라는 단어는 ycvgt가 됩니다. 암호화된 단어를 원래 단어로 해독하려면 암호 키를 반대로 적용하면 됩니다. 이것이 시저 암호라고 알려진 방법입니다.

이러한 방법을 대칭 키 암호화 방법이라고 합니다. 원래 정보를 알아볼 수 없도록 만드는 암호 키와 다시 알아볼 수 있게 만드는 암호 키가 같기 때문입니다. 이 방법의 가장 큰 단점은 암호화를 수행한 사람은 같은 키로 만들어진 다른 암호 문서를 해독할 수 있다는 점입니다. 예를 들어 A라는 사람이 B와 C에게 같은 암호 키를 주고 암호 문서를 보내라고 했다면 C가 보낸 암호 문서를 B도 열어볼 수 있습니다. 이를 방지하려면 모든 문서 송수신 관계에서 다른 암호 키를 사용해야 합니다. 매우 비효율적인 방법이죠.

현재 전자 상거래 등 인터넷 보안에 가장 많이 사용되는 암호 표준은 RSA-2048입니다. 대표적인 비대칭 키 암호입니다. 이 방법에서는 암호 키가 두 개입니다. 암호화할 때 쓰는 키와 해독할 때 쓰는 키가 다릅니다. 해독할 때 쓰는 키는 사용자가 따로 보관하며 공개하지 않습니다. 암호 문서를 만들 때 사용하는 키는 공개되어도 보안에 문제가 없기 때문에 공개키라고 부릅니다.

이 방법은 수학의 한 줄기인 정수론에 기반을 두고 있습니다. 1과 자기 자신으로만 나뉘는 수를 소수라고 하는데요, 2, 3, 5, 7과 같은 수입니다. 아주 큰 두 소수를 곱해 더 큰 숫자를 만들면 그 숫자만으로는 원래의 두 소수를 계산해 내기가 어렵다고 합니다. 이 원리를 이용해 만든 암호법이 RSA-2048입니다. 사실 어렵다고는 하지만 컴퓨터 성능이 매우 좋으면 암호가 뚫릴 수도 있습니다. 컴퓨터 성능이 좋아지면 편리한 면도 있지만, 더 긴 암호를 사용하는 새로운 암호화 표준으로 바꿔야 하는 불편함도 생깁니다. 현재 사용하는 RSA-2048도 컴퓨터의 성능 향상으로 기존에 사용하던 표준들이 암호 키 없이도 해독될 가능성이 커지면서 새롭게 설정한 표준입니다. 계산 능력이 비약적으로 높아진다는 양자 컴퓨터가 실현되면 암호화 방법에도 큰 변화가 올 것입니다.


## <u>4</u> 경유 자동차와 휘발유 자동차


2015년 가을에 불거진 폭스바겐의 배기가스 조작 사건은 전 세계 자동차 업계와 소비자에게 큰 충격을 안겨줬습니다. 2018년 봄부터는 BMW의 특정 차량 모델이 주행 중 불이 붙은 일이 한국에서 빈번히 발생해 소비자의 원성을 샀습니다. 이 두 사건 모두 경유를 사용하는 자동차에서 일어났습니다. 미국 승용차 시장에는 휘발유 자동차가 압도적으로 많지만, 한국 등의 자동차 시장에서는 경유 승용차도 많이 생산되고 있습니다. 경유 자동차와 휘발유 자동차는 어떻게 다를까요?

도로에서 볼 수 있는 대부분의 자동차는 사용 연료에 따라 휘발유(혹은 가솔린) 자동차와 경유(혹은 디젤) 자동차로 구분됩니다. 휘발유 엔진에서는 기체화된 연료에 일반 공기를 섞어 압축한 뒤 점화 플러그로 불을 붙여 생긴 폭발력을 엔진 축의 회전력으로 사용합니다. 디젤 엔진도 비슷하지만 불을 직접 붙이지 않고 연료 기체를 압축하여 온도를 올리고 폭발을 유도해 냅니다. 압축만으로 발화가 될 정도로 큰 압력을 가하기 때문에 폭발력 또한 가솔린 엔진에 비해 큽니다. 그래서 엔진이 큰 힘을 내야 하는 대형 버스와 트럭에 디젤 엔진을 많이 사용합니다.

## 경유 차는 왜 휘발유차보다 연비가 좋을까

휘발유차보다 연비가 좋다는 이유로 디젤차를 선호하는 사람들도 있습니다. 한국의 경우는 정책적으로 휘발유에 비해 경유에 세금을 적게 부과해 경유 가격을 약간 낮게 유지해 왔습니다. 트럭이나 버스 등 상용 차량이 사용하는 경유 가격을 낮춰 산업 성장을 촉진하려는 의도였습니다. 세금을 적용하기 전 부피당 가격은 휘발유와 경유가 비슷하거나 경유가 조금 더 비쌉니다. 하지만 공학적 측면으로만 보면 디젤 엔진이 가솔린 엔진보다 효율이 더 높습니다.

이유는 작동 방식에서 찾을 수 있습니다. 앞에서 이야기한 것처럼 휘발유 엔진과 경유 엔진에는 모두 폭발 전에 연료를 압축하는 단계가 있습니다. 휘발유 엔진에서는 점화 플러스에서 불꽃이 생길 때까지 연료가 압축되는데, 이때 압축으로 인해 온도가 올라가서 가끔 자연발화 하는 경우가 생깁니다. 이것이 뒤에서 더 자세히 다룰 노킹(knocking)이라는 현상입니다. 이를 방지하기 위해 휘발유 엔진은 일정 수준 이상으로 연료를 압축할 수 없습니다. 그만큼 에너지 효율이 낮아집니다. 반면 디젤 엔진에서는 연료를 더 많이 압축할 수 있으므로, 폭발로 얻는 에너지가 크고 효율이 높습니다.

휘발유 엔진은 상대적으로 힘은 약하지만 진동과 소리가 적은 편입니다. 그래서 승용차에 적합합니다. 디젤 엔진은 힘은 좋지만 소음과 진동이 큰 편입니다. 더 심각한 문제는 배기가스입니다. 불을 직접 붙이는 것이 아니라 압축에 의한 온도 상승으로 폭발을 만들어내기 때문에 연료가 완전연소 하지 않는 경우가 많습니다. 이론적으로는 가솔린, 디젤 모두 완전연소

하면 부산물로 이산화탄소와 물만 생깁니다. 그러나 실제로는 이렇게 되지 않고 각종 분진, 매연, 산화물이 같이 나오므로, 공해 물질을 줄이기 위해 다양한 노력을 해야 합니다.

## 경유 차가 뉴스에 오르내린 이유

디젤 엔진은 연료 연소 온도가 매우 높아서 질소 산화물이 많이 생깁니다. 질소 산화물은 스모그, 산성비, 오존층 파괴, 미세먼지 등의 환경오염을 발생시키고, 폐질환이나 호흡기 장애 등을 일으킬 수 있습니다. 이 질소 산화물을 줄이기 위해 많은 나라가 엄격한 환경규제를 적용하고 있습니다. 유럽의 배기가스 관련 기준이 특히 까다롭다고 알려져 있습니다.

2015년 발생한 폭스바겐 사건은 디젤차에서 배기가스 관련 조작 프로그램이 발견된 사건입니다. 자동차가 배기가스 테스트 상태일 때는 질소 산화물 저감 장치를 작동시켜 배기가스 기준을 통과할 수 있게 하고, 일반 주행 시에는 컴퓨터 프로그램이 해당 장치를 끄도록 설정해 놓은 것입니다. 질소 산화물 저감 장치가 계속 작동하면 연료 효율이 낮아져서 연비가 떨어집니다. 결국 연비도 높고 배기가스 유해성도 낮은 차라고 거짓말을 한 셈이 되어 큰 물의를 일으켰습니다.

2018년 한국에서 문제가 된 디젤 자동차 화재 사건은 조금 더 복잡한 기술적 문제가 원인으로 지목되었습니다. 바로 EGR(exhaust gas recirculation)이라는 엔진 보조 장치가 의심을 받았습니다. 배기가스 재순환 장치라고 하는데요, 배기가스 일부를 다시 엔진으로 넣어주는 장치입니다. 단순히 생각하면 다소 황당한 장치로 보입니다. 배기가스는 차 외부로 배출해야 할 것 같은데 이것을 다시 엔진에 넣는다는군요.

　원리는 이렇습니다. 디젤 엔진의 폭발 온도가 너무 높아서 질소 산화물이 많이 생기기 때문에 폭발 온도를 살짝 낮추는 방법을 생각해 본 것입니다. 기체화된 연료와 산소가 있어야 폭발이 일어나는데 산소가 희박해지면 폭발 온도가 떨어지는 것을 알아냈습니다. 그래서 산소가 포함된 일반 공기와 기체화된 연료에 배기가스를 섞어 엔진에 넣어주면 배기가스 속에는 산소가 없기 때문에 약간 낮은 온도에서 폭발이 일어납니다. 결과적으로 질소 산화물도 적게 발생합니다. 다소 복잡한 과정이긴 하지만 이론적으로 꽤 오래된 아이디어이고, 실제 엔진에 적용된 지도 수십 년 된 기술입니다. 다만 이를 적용하기 위해서는 많은 요소를 정교하게 제어하고 디자인해야 합니다.

　주행 중 배기가스는 매우 뜨겁기 때문에 다시 엔진으로 들어가기 전에 식혀줘야 합니다. 그래서 EGR 냉각 장치가 장착되어 있습니다. 오랜 사용으로 이 냉각 장치 속의 매연이 고체화되면 냉각 성능이 떨어집니다. 덜 식은 배기가스가 엔진에 다시 들어가면 근처 부품들이 고열을 견디지 못해 화재가 날 가능성이 있습니다. 또 일정 온도 이하의 배기가스는 냉각하지 않고 엔진에 넣어 엔진 효율을 높이는데, 이를 바이패스 밸브라는 부품이 담당합니다. 그런데 이 밸브의 오작동으로 뜨거운 배기가스가 엔진 쪽으로 들어가는 실험 결과가 나와 화재 사고의 원인으로 지목되었습니다.

　일련의 사건으로 천덕꾸러기가 된 디젤 자동차이지만 연료 효율도 휘발유차보다 높고, 이산화탄소 배출량도 상대적으로 적어 장점이 있습니다. 다만 계속 강화되는 질소 산화물 규제에 대한 자동차 업계의 대처가 디젤차의 운명을 결정할 것입니다.

### 휘발유차에 경유를 넣으면 어떻게 될까? 그 반대는?

요즘은 직접 주유를 하는 셀프 주유소가 많아져서 주유할 때 주의를 기울이지 않으면 휘발유차에 경유를 넣거나 그 반대의 실수를 저지를 수 있습니다. 만약 그렇게 되면 어떤 일이 일어날까요? 물론 두 경우 모두 운행이 불가능하고 화재 등 사고가 생길 수도 있습니다.

만약 경유 차에 휘발유를 넣었다면 시동이 안 걸리고 엔진이 멈춥니다. 앞에서 알아본 대로 디젤 엔진은 점화 장치 없이 연료를 압축할 때 생기는 온도 상승을 이용해 연료를 태웁니다. 가솔린은 이 같은 방식으로 자연발화 하기 어렵기 때문에 엔진이 작동하지 않습니다.

반대의 경우는 좀 더 심각합니다. 경유는 휘발유에 비해 조금 더 끈적하기 때문에 연료 공급 계통에 덕지덕지 붙을 가능성이 있습니다. 엔진에 도착하면 더 큰 문제가 생깁니다. 휘발유 엔진은 경유 연소에 비해서 적은 공기를 사용하므로 경유가 불완전 연소 하면서 엄청난 배기가스가 나올 수 있습니다. 게다가 비록 발화 온도는 경유가 낮지만, 발생하는 열에너지는 휘발유보다 높기 때문에 휘발유 엔진이 녹아내리거나 불이 붙을 수도 있습니다.

다행스러운 것은 주유기와 차량 주유구의 크기가 사용 연료에 따라 다르다는 점입니다. 휘발유차량의 주유구는 경유 차량의 주유구보다 약간 작고 주유기도 거기에 맞춰 설계되어 있습니다. 그래서 경유 주유기는 휘발유차량 주유구에 맞지 않아 사용자가 실수로 주유를 시도하더라도 금방 알아챌 수 있습니다. 그러나 반대의 경우는 사용자가 주의하는 수밖에 없습니다.

요즘은 한국에도 다양한 국가에서 만든 수입차가 들어오고 있고, 그러다 보니 주유구의 크기도 규정에서 벗어난 것들이 있다고 합니다. 주유 도우미에게 어떤 연료를 넣는지 정확하게 알려줘야 합니다. 셀프 주유 시에도 조심해야겠죠.

## 고급 자동차 연료는 연비도 좋을까?

한국에 고급 휘발유라는 고가의 휘발유가 있는 것처럼 미국 주유소에도 〈그림 1-1〉처럼 주로 세 개의 휘발유 등급이 있습니다. 한국과 기준은 조금 다르지만 옥탄가(octane number)라는 수치를 이용해 등급을 나눈 것은 비슷합니다. 휘발유의 순도라거나 에너지 등급 등으로 오해하기 쉽지만, 사실은 노킹이라는 엔진의 비정상 작동 현상과 관련이 있습니다.

휘발유 엔진은 앞에서 알아본 것처럼 공기와 섞여 분사된 휘발유를 압축한 다음 점화플러그에서 불꽃을 만들어 폭발을 유도합니다. 연료가 압축되는 과정과 불꽃이 만들어지는 순간이 매우 정교하게 계획되어야만 최대의 동력을 안정적으로 만들어낼 수 있습니다. 그런데 연료에 따라 점화플러그에서 불꽃이 튀기 전에 폭발이 일어나는 경우가 가끔 있습니다. 디젤 엔진의 작동 원리에서 알아보았듯이 기화된 연료가 압축되면 온도가 상승하는데 같은 현상이 휘발유 엔진에서도 일어납니다. 이상적인 상황이라면 휘발유 엔진에서는 압축에 의해 온도가 올라가더라도 연료가 스스로 발화하지 않지만, 실제로는 연료의 구성 성분에 따라 원하지 않게 자연발화

그림 1-1 세 가지 등급의 휘발유가 있는 미국의 주유소 급유 시설

될 수 있습니다. 이 현상이 발생하면 엔진에서 노크하는 소리가 들린다고 해서 노킹이라고 부릅니다. 노킹이 발생하면 비정상적인 폭발로 인해 엔진이 제 출력을 내지 못하고 부품들도 높은 부하를 견뎌야 해서 내구성에 문제가 생깁니다.

다른 석유 제품과 마찬가지로 휘발유에는 수많은 종류의 탄화수소가 섞여 있습니다. 구성 성분에 따라 노킹이 잘 생길 수도, 덜 생길 수도 있습니다. 이를 측정한 값이 옥탄가입니다. 옥탄도 탄화수소의 일종입니다. 옥탄가라고 하면 마치 휘발유에 들어 있는 옥탄의 함량을 뜻하는 것처럼 들리지만 실제 의미는 다릅니다. 옥탄가의 더 정확한 이름은 노킹방지지수입니다. 옥탄가가 높으면 노킹이 일어날 확률이 낮아지기 때문에 연비와 내구성 측면에서 이점이 있습니다.

옥탄가라고 이름을 붙인 것은 노킹방지지수의 측정 방식 때문입니다. 화학적으로만 생각하면 휘발유를 구성하는 수많은 성분 하나하나가 노킹에 얼마나 영향을 미치는지 분석해 노킹방지지수를 마련해야겠지만, 비

용도 많이 들고 시간도 오래 걸립니다. 그래서 옥탄이라는 탄화수소를 이용합니다.

옥탄은 노킹이 잘 일어나지 않는 탄화수소입니다. 반면 헵테인(heptane)이라는 탄화수소는 노킹을 매우 잘 일으킵니다. 만약 이 둘을 반반 섞으면 어떻게 될까요? 순수 옥탄보다는 노킹이 더 생기지만, 순수 헵테인보다는 덜 생기겠지요. 어떤 미지의 휘발유가 있다고 생각해 봅시다. 이 휘발유를 엔진에 넣고 돌리면서 일정 시간 동안 얼마나 노킹이 생기는지 측정합니다. 그리고 똑같은 빈도로 노킹을 발생시키는 옥탄-헵테인 혼합 연료의 비율을 찾아봅니다. 예를 들어 옥탄-헵테인을 90 대 10으로 섞은 연료가 같은 빈도로 노킹을 발생시켰다면 해당 휘발유의 옥탄가는 90이 됩니다.

어떤 자동차들은 고급 휘발유에 맞춰 만들어지기도 합니다. 이런 경우에는 비용이 들더라도 고급 휘발유를 넣는 것이 좋습니다. 자동차 회사가 높은 옥탄가의 연료에 모든 설계를 최적화해 놓았기 때문입니다.

미국의 많은 주유소에서는 휘발유에 에탄올을 10% 정도 섞어서 판매합니다. E-10이라고 부르는데요, 에탄올을 조금 첨가하면 휘발유가 더 깨끗하게 연소합니다. 이론적으로 탄화수소가 연소하면 이산화탄소와 물만 생기지만, 휘발유 속에는 여러 가지 불순물이 있어 이론적인 연소 반응과 달리 불완전 연소 등을 동반하기 때문에 매연도 발생합니다. 에탄올을 섞으면 이러한 환경오염을 조금이나마 줄여준다고 하여 미국에서는 일곱 개 주에서 에탄올 첨가를 의무화하고 있습니다.

### 그렇다면 경유에도 등급이 있을까?

경유에도 등급이 있고 이것도 노킹 문제와 관련이 있습니다. 휘발유 엔진은 발화가 예정보다 너무 일찍 발생해 노킹이 생기지만, 디젤 엔진의 노킹은 반대 이유로 생깁니다. 즉 분사된 연료가 충분히 압축되어 상승한 온도에 의해 발화하여 폭발해야 하는데 연료 구성 성분에 따라 폭발이 지연되는 경우가 발생합니다. 이 비정상적인 작동이 휘발유 엔진의 경우와 비슷하게 노킹 현상을 일으킵니다.

경유의 등급은 세탄가(cetane number)라고 부릅니다. 이 숫자가 높을수록 연료 발화가 적시에 발생합니다. 측정은 옥탄가와 비슷한 방식으로 합니다. 연료 발화 지연이 거의 없는 세탄과 발화 지연을 많이 일으키는 알파메틸나프탈렌을 섞어 기준 혼합 연료를 만듭니다. 예를 들어 어떤 측정 대상 경유가 세탄 50% 기준 연료와 같은 수준의 노킹을 만들어내면 그 경유의 세탄가는 50이 됩니다.


## 5 반도체 전쟁

### 불화수소가 뭐기에

2019년 여름, 한국 반도체 업계에 찬물을 끼얹는 충격적인 뉴스가 전해졌습니다. 일본이 반도체 제조 공정용 화학 물질을 한국에 팔지 않겠다고 느닷없이 결정해 버렸기 때문입니다. 일본 기업이 해당 화학 물질을 한국으로 수출하려면 일본 정부가 정한 까다로운 허가 절차를 통과하도록 했는데, 결과적으로 보면 허가 심사를 빌미로 판매를 막으려는 의도가 깔려 있었습니다.

그로부터 1년 정도 지난 2020년 여름을 기준으로 보았을 때, 다행스럽게도 한국 반도체 업계는 우려한 만큼 타격을 입지는 않았습니다. 업계 종사자들과 기업, 정부가 단기간에 엄청난 노력과 시간을 쏟아부은 결과입니다. 많은 소재를 국산화하고 수입처도 다변화하여 대처했습니다.

온 국민이 평생 동안 한 번 들어볼까 말까 한 불화수소, 포토레지스트(photoresist) 등 반도체 공정에 필요한 화학약품을 매일 뉴스를 통해 접하는 웃지 못할 상황도 있었습니다. 반도체가 무엇이고 어떻게 작동하는지, 제조 공정에 왜 화학 약품들이 필요한지 공부해 봅시다.

## 반도체의 화학 구조

세상의 다양한 물질은 금속처럼 전기를 잘 통과시키는 도체와 고무 같은 부도체로 나눌 수 있습니다. 반도체는 도체와 부도체의 성질을 모두 가지도록 인공적으로 만든 물질입니다.

원소 기호 Si로 표시되는 규소 혹은 실리콘이라는 광물질은 전기가 흐르지 않는 부도체입니다. 결정 구조를 보면 쉽게 이해할 수 있습니다. 실리콘 원자는 14개의 전자를 가지고 있는데 그중 10개는 안쪽에 있고 네 개는 바깥쪽에 있습니다. 이 바깥쪽 네 개의 전자를 최외각 전자라고 부르는데 다른 원자와 결합할 때 능동적으로 참여합니다. 실리콘은 이 원자들이 서로 최외각 전자들을 공유하며 결합하여 단단한 결정을 이룹니다. 최외각 전자들은 실리콘 원자들의 결합에 구속되어 있어서 잘 움직이지 못합니다.

그림 1-2 **순수 실리콘 결정체**

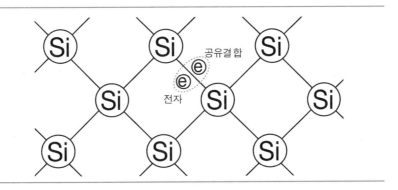

그림 1-3 **인을 함유한 실리콘(N형 반도체)**

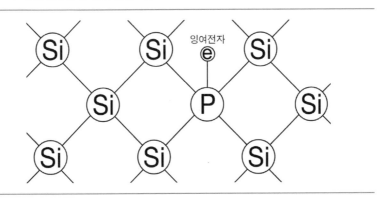

그림 1-4 **붕소를 함유한 실리콘(P형 반도체)**

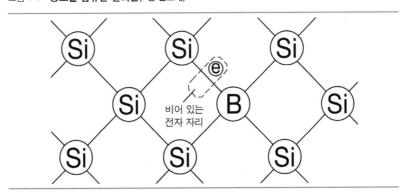

잠시, 실리콘이라는 이름에 얽힌 오해를 풀고 갑시다. 유리창 가장자리에 물이 새지 않도록 바르는 고무 재질의 재료도 실리콘이라고 부르지요. 혼동될 수 있는데요, 실리콘 광물질은 silicon이고 고무 재질의 실리콘은 silicone입니다. 공교롭게도 발음이 같지만, 다른 재료입니다.

반도체용 실리콘에 불순물을 넣으면 전기적 성질이 살짝 바뀝니다. 원소 기호 P로 표시되는 인이라는 원소는 최외각 전자가 다섯 개입니다. 그래서 인을 실리콘에 넣으면 네 개의 전자는 실리콘과의 결합에 사용되고 하나가 남습니다. 이 남은 전자가 움직일 수 있기 때문에 전기가 흐를 수 있는 물질이 됩니다. 이렇게 만든 반도체를 N형 반도체라고 합니다.

비슷한 원리로 붕소를 넣을 수도 있습니다. 붕소의 최외각 전자는 세 개이기 때문에 마치 전자를 위한 자리가 하나 남아 있는 것과 같은 구조가 됩니다. 전자가 비어 있는 자리를 정공(正孔)이라고 부릅니다. 정공 주변의 전자는 정공을 채우려고 그쪽으로 이동합니다. 따라서 전기가 흐를 수 있습니다. 이러한 반도체를 P형 반도체라고 합니다.


### 트랜지스터의 원리

P형 반도체와 N형 반도체를 적절히 조합해 만든 새로운 전자 소자가 1947년에 발명되었는데 이것이 그 유명한 트랜지스터입니다. 첫 트랜지스터는 실리콘 대신 게르마늄이라는 광물을 이용했는데 최외각 전자가 실리콘과 같이 네 개이기 때문에 작동 원리는 똑같습니다. 트랜지스터는 과거 진공관을 대체하는 증폭기로 큰 명성을 얻었습니다. 음향 기기가 소형화되는 데 물꼬를 틔운 것이 바로 트랜지스터입니다.

그림 1-5 **NPN 반도체의 구조**

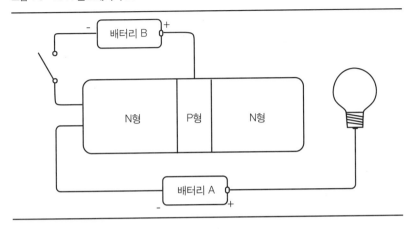

〈그림 1-5〉와 같이 N형 반도체 두 개와 P형 반도체 하나를 샌드위치처럼 붙여놓았다고 생각해 봅시다. 그리고 배터리 A도 그림처럼 연결했습니다. 배터리 B는 아직 연결하지 않았습니다. 배터리 A의 음극에서 공급된 전자와 왼쪽 N형 반도체의 전자 때문에 P형의 정공은 왼쪽에 몰려 있게 됩니다. 반면 오른쪽 N형 반도체의 전자는 배터리 A의 양극 쪽으로 쏠립니다. 또한 오른쪽 N형 반도체와 P형 반도체의 경계에서는 전자가 정공에 들어가서 공핍층이라는 부분이 형성됩니다. 따라서 P형의 정공과 오른쪽 N형의 전자가 서로 멀어져 그 사이를 전자가 지나다닐 수 없게 됩니다. 이런 이유로 전구의 불은 켜지지 않습니다.

만약 스위치를 눌러 배터리 B를 연결하면 어떻게 될까요? 배터리 B의 음극에서 출발한 전자는 N형의 전자와 함께 P형의 정공으로 흘러 들어갔다가 배터리 B의 양극 쪽으로 계속 흐르게 됩니다. 이렇게 되면 앞에서 이야기했던 상황과 달리 P형에 모인 과잉의 전자가 오른쪽 N형 반도체로 넘어갈 수 있는 조건이 만들어집니다. 더 신기한 것은 위쪽 회로에서 흐르는 전류의 크기로 아래쪽 전류를 제어할 수 있다는 점입니다. 만약 배터리 A가 배터리 B보다 고전압이라면 전류 증폭을 유도할 수 있지요.

증폭기로 사용되던 반도체는 디지털을 만나면서 더 높이 도약합니다. 반도체가 0과 1을 다루는 데 탁월한 물리적 성능이 있기 때문입니다. NPN 반도체 그림에서 배터리 B에서 흐른 전류가 어떤 경곗값보다 높으면 전구가 켜지고 경곗값보다 낮으면 전구가 꺼집니다. 이렇게 신호를 스위치처럼 쓸 수도 있는데 이것이 바로 디지털 반도체의 시작점입니다.

## 반도체 공정이란

우리가 특정하게 작동을 하는 반도체 소자를 얻기 위해서는 다량의 N형과 P형 반도체를 이용해 복잡한 구조를 만들어야 합니다. 반도체의 구조는 마치 건물을 지어 올린 것처럼 3차원적으로 복잡합니다. 그런 구조를 만들기 위해 약 여덟 가지의 기본 공정이 필요하고, 이 공정을 수십 번에서 수백 번 반복해 하나의 반도체를 만듭니다.

반도체 공정의 초기 몇 단계를 간략하게 알아보겠습니다. 우선 원기둥 모양 실리콘을 만들고 이를 잘라서 실리콘 웨이퍼를 만듭니다. 이 위에 격자로 여러 개의 반도체를 만들게 됩니다.

〈그림 1-6〉 (가)처럼 실리콘 웨이퍼 표면을 산화시켜 보호막을 만들고 포토레지스트라는 감광액을 바릅니다. 그 위에 일종의 사진 필름과 같은 마스크를 두고 자외선을 쬐어줍니다. 그러면 (나)처럼 마스크 모양에 맞춰 포토레지스트가 부분적으로 빛에 반응하여 깎여나갑니다. 그 뒤에 식각

그림 1-6  **간략하게 그린 반도체 공정**

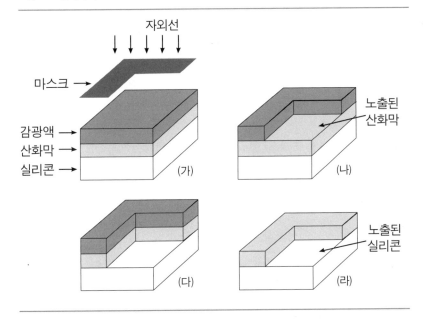

공정을 거치면 (다)처럼 산화막이 부분적으로 제거됩니다. 끝으로 감광액 까지 제거하면 (라)처럼 부분적으로 노출된 실리콘을 얻을 수 있습니다. 노출된 실리콘에 불순물을 주입하여 N형 또는 P형 반도체로 만드는 작업 이 뒤를 잇습니다.

일본이 한국에 대해 수출을 막아버린 재료가 바로 포토레지스트라는 감 광액과 식각 공정에 쓰이는 불화수소입니다. 한마디로 반도체 제조 초기 단계를 방해하는 심각한 조치였습니다.

일각에서는 반도체 산업의 일본 의존도가 그렇게 높았다는 데 놀라고, 한탄하기도 했습니다. 하지만 이는 누구를 탓하기에 모호한 부분입니다. 국제 무역은 비교 우위 개념에 기반을 두고 있습니다. 일본의 기업들은 그

동안 순도가 높은 화학 물질을 안정적으로 공급해 주었고, 그러한 비교 우위를 선점했기 때문에 우리나라나 다른 나라들이 굳이 일본의 그 기업들과 출혈 경쟁을 하지 않은 것입니다. 비교 우위에 의한 무역은 글로벌 경제 전체를 보았을 때도 제한된 자원을 보다 효율적으로 사용하게 만들어주는 순기능이 있습니다.

다만 이번 사태에서 볼 수 있듯이 독점이 발생할 수도 있고, 이를 악용하면 모두가 피해를 볼 수 있습니다. 그래서 전 세계가 WTO(World Trade Organization) 체제 속에서 자유무역을 추구하는 동시에 일본처럼 무역을 정치, 외교의 무기로 사용하지 못하도록 하는 것입니다.

한국 메모리 반도체의 세계 시장 점유율은 약 70%로 매우 높습니다. 대량 생산 시설에 과감히 투자하고 불량률을 낮추어 가격 경쟁력을 확보했기 때문입니다. 메모리 반도체는 설계가 비교적 쉽습니다. 이에 비해 컴퓨터나 스마트폰의 두뇌를 담당하는 비메모리 반도체는 설계가 어렵고 선두 주자를 추격하기도 쉽지 않습니다. 다만 수년 전부터 한국 반도체 업계가 파운드리(foundry) 사업에 뛰어들어 서서히 두각을 나타내고 있습니다. 반도체 파운드리 사업이란 비메모리 반도체를 설계하는 업체로부터 설계도를 받아 반도체를 만들어주는 사업을 말합니다.

이렇게 메모리뿐 아니라 비메모리 반도체 분야까지도 한 걸음 한 걸음 나아가고 있는 한국 반도체 업계에 일본 정부가 참으로 기분 나쁘게 찬물을 끼얹은 것입니다. 한국 반도체 업계는 일본의 수출 제한으로 인한 위기를 극복하면서 더욱 성장했습니다. 메모리뿐 아니라 비메모리 반도체 분야도 석권하기를 기대해 봅니다.

## 반도체 공정의 정밀도

반도체 회사 직원들이 머리부터 발끝까지 하얀색 옷으로 감싸고 마스크와 고글까지 쓴 채 반도체 제조 장비를 다루는 장면을 뉴스에서 보신 적이 있을 것입니다. 반도체를 이용한 집적 회로를 만들 때는 클린 룸이라는 곳에서 만듭니다. 이 클린 룸은 먼지가 극히 적은 환경을 만들어놓은 것인데 사람 몸에서도 먼지가 나올 수 있기 때문에 이런 장비를 꼭 갖춰야 합니다.

클린 룸이 얼마나 깨끗한지를 나타내는 지표가 있습니다. 클래스(class)라고 불리는데, 가로, 세로, 높이 각각 30cm인 공간 속에 머리카락 굵기의 1000분의 1 정도 되는 크기의 먼지가 딱 하나 있는 상태를 1클래스라고 부릅니다. 우리가 숨 쉬는 일반 공기가 약 300만 클래스인 반면, 보통 반도체가 1에서 10 클래스 정도의 클린 룸에서 만들어진다고 하니 반도체 공정이 얼마나 깨끗한 환경을 필요로 하는지 짐작이 됩니다.

그런데 왜 이렇게 깨끗해야 할까요? 반도체 구조가 매우 정교하고 작기 때문입니다. 반도체회로에서 전자가 지나다닐 수 있는 통로 역할을 하는 선이 있는데, 그 폭이 최근 수 나노미터(nm)까지 낮아졌습니다. 1nm는 1m를 10억 개로 쪼갠 것이고, 머리카락 굵기를 10만 개로 조각낸 것입니다. 정말 작은 크기입니다. 이렇게 작기 때문에 물리적으로 깎거나 변형시켜서 만드는 것이 아니라 앞에서 이야기했듯이 빛을 쬐이고 화학 반응을 유도하여 만듭니다. 그래서 먼지 하나에도 매우 민감합니다.

그러면 다시 의문이 생깁니다. 왜 이렇게 작게 만들어야 할까요? 반도체 소자가 작아지면 전자 제품의 크기와 무게도 작아지는 이점이 있습니다. 하지만 이런 일차적 이점보다 더 중요한 이유가 있습니다. 반도체가 작아지면 전력 소모가 줄고 발열 현상도 완화됩니다. 이를 바탕으로 더 빠른 정보 처리가 가능한 반도체를 만들 수 있습니다. 하나의 실리콘 웨이퍼에서 만들어낼 수 있는 반도체 개수도 증가하여 생산성이 올라갑니다.

반도체 회사 인텔의 공동 설립자 고든 무어(Gordon Moore)는 1965년에 "반도체의 성능은 2년마다 두 배씩 증가한다"라는 법칙을 내놓았습니다. 무어의 법칙으로 불리는 이 법칙은 반도체 업계의 발전 추이를 관찰하여 앞으로도 비슷한 추세를 보일 것으로 예상한 것입니다. 무어가 이 법칙을 내놓았을 때 18개월이라고 했는지 24개월이라고 했는지를 놓고 사람들 사이에서 갑론을박이 잠시 있었습니다. 그러나 사실 이 법칙은 물리학 혹은 수학에 기반을 두고 유도한 것이 아니고 반도체 업계의 트렌드를 수치로 표현해 본 것입니다. 무어의 법칙에서 볼 수 있듯이 반도체 업계의 발전 속도는 매우 빨랐습니다. 이와 같은 성능 향상을 이끌어낸 한 요소가 집적도, 즉 같은 공간에 넣을 수 있는 반도체 소자의 수였습니다.

요즘은 7나노 공정이라고 불리는 기술이 개발된 상태입니다. 간단히 표현하자면 폭이 7nm인 전선이 들어 있는 반도체라고 할 수 있습니다. 산소 분자 약 20개를 쌓으면 7nm 정도 됩니다. 정말 작고 미세한 크기입니다.

반도체 미세 공정이 10나노의 벽을 깨면서 다른 문제가 발생했습니다. 전자가 양자역학적 특성을 나타내기 시작한 것입니다. 우리 눈에 잘 보이는 거시적인 크기의 회로에서는 전자가 우리의 직관처럼 움직인다고 생각해도 괜찮습니다. 파이프를 연결하면 그 속으로 물이 흐르는 것처럼 말이죠. 하지만 반도체가 매우 작아지고 전자가 이동하는 거리와 폭이 함께 미세해지다 보니 전자가 연속으로 흐른다고 보기 어려워졌습니다. 양자는 전자처럼 매우 작은 입자를 지칭하는데, 양자의 위치는 수학적으로 서술할 때 어느 특정 지점으로 확정할 수 없습니다. 파동적 성질 때문입니다.

빛이 입자처럼 보이기도 하고 파동처럼 보이기도 해서 과거 과학자들에게 많은 혼란을 주었죠. 사실 작은 입자들은 모두 그런 성질을 가지고 있고, 전자도 예외가 아닙니다. 현대 물리학은 이 모든 것을 양자역학으로 설명하고 있습니다. 양자의 세계에서는 순간 이동이 가능합니다. 물론 이 표현도 더 정교하게 다듬어야 하지만, 우리가 전자의 양자적 특성을 이해하는 데 좋은 출발점이 됩니다.

두 개의 독립된 전기 회로가 있고 그 사이에는 전기가 통하지 않도록 절연체를 두었다고 생각해 봅시다. 모든 것이 매우 작다면 한쪽 회로에 있던 전자가 절연체를 뛰어넘어 다른 쪽 회로로 순간 이동 할 수도 있습니다. 양자 터널링(tunneling) 효과라고 부르는 현상입니다. 물체의 연속적인 움직임만 관찰할 수 있는 거시 세계에서는 일어날 수 없는 현상이기 때문에 직관적으로 이해하기는 매우 어렵습니다. 하지만 실제로 관측 가능한 현상이며 전자 현미경의 일종인 주사 터널링 현미경처럼 이러한 양자역학을 이용하여 물질의 미세 표면 구조를 사진처럼 찍는 기술도 개발되어 있습니다.

이미 반도체 업계는 5나노 공정과 3나노 공정을 두고 패권 다툼에 돌입했습니다. 수많은 기술적 장벽을 어떻게 돌파할지 무척 궁금합니다.

## <u>6</u> 사고로 알아보는 공기역학

### 보잉 737-MAX 사고

2018년과 2019년에 추락한 특정 비행기 모델이 뉴스에 오르내린 적이 있습니다. 유명한 비행기 제조사 보잉(boeing)에서 만든 737-MAX라는 기종입니다. 2018년 10월에 해당 기종이 인도네시아에서 추락했고, 2019년 3월에는 에티오피아에서 매우 유사한 형태로 추락했습니다. 원인은 비행기 운행을 도와주는 자동 장치의 결함으로 밝혀졌습니다. 관련 기사들을 보면 실속 또는 스톨(stall)이라고도 불리는 현상과 밀접하게 관련된다는 것을 알 수 있습니다.

스톨을 이해하기 위해 비행기가 떠오르는 원리부터 간략히 되짚어 봅시다. 비행기 날개의 단면을 보면 위쪽은 볼록한 곡면이고 아랫면은 평평한 모양을 하고 있습니다. 위쪽 면을 따라 흐르는 공기는 속도가 빨라져서 날개 아래쪽보다 압력이 떨어집니다. 유체의 압력이 속도에 따라 달라지는 것을 베르누이(Bernoulli)의 원리라고 하며, 날개 아래위의 압력 차이 때문에 날개는 위쪽으로 힘을 받습니다. 이를 양력이라고 부릅니다.

날개가 받는 양력에는 한 가지가 더 있습니다. 날개 앞부분은 비행기 진행 방향보다 약간 위를 향해 틀어져 있는 것이 좋습니다. 이렇게 되면 비행기가 진행할 때 앞에서 오는 공기가 날개의 경사진 아랫면에 부딪치고 이로 인해 날개는 다시 공기로부터 위로 떠받치는 힘을 받습니다.

날개 앞부분이 약간 위로 향하게 틀어놓은 각도를 받음각이라고 부릅니다(〈그림 1-7〉). 앞에서 오는 공기를 날개가 받는 각도라는 뜻입니다. 이 각

그림 1-7　**날개가 받는 양력과 받음각**

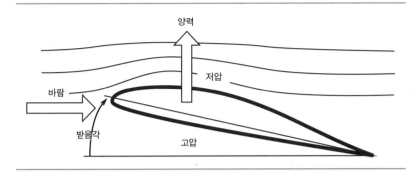

도가 커지면 양력도 증가합니다. 하지만 특정 각도를 넘어서면 양력이 급격히 떨어집니다. 날개 뒷부분에서 소용돌이가 생겨, 양력을 만들어주던 공기 압력 분포가 흐트러지기 때문입니다.

양력을 올리기 위해 받음각을 높이다가 양력이 급격히 떨어지는 현상을 실속 또는 스톨이라고 부릅니다. 실속이 생기면 그 현상에서 빠져나오기 위해 비행기 기수를 일부러 아래로 내려야 합니다. 이렇게 해서 양력을 회복해야 계속 운항할 수 있습니다. 여객기의 경우 안전하고 안정적인 운항을 위해 많은 자동 장치가 쓰입니다. 실속 방지 기능도 그중 하나입니다. 비행기 측정 장치가 실속을 감지하면 자동으로 기수를 살짝 내립니다.

미국의 보잉사와 유럽의 에어버스사는 여객기 제작 1, 2위를 다투는 기업입니다. 오랫동안 보잉사의 독무대나 마찬가지였지만, 2000년대 들면서 에어버스가 눈에 띄게 성장했습니다. 그러던 중 에어버스가 내놓은 A320neo라는 모델이 항공사 사이에서 선풍적인 인기를 끌게 됩니다. 이전 모델 A320에 비해 크기를 키우고 엔진의 연료 효율도 향상시킨 모델이었습니다. 게다가 기존의 A320 모델과 거의 같은 운행 방식이었기 때문에 파일럿들이 장시간 재교육을 받을 필요도 없었습니다.

A320neo의 개발 소식에 대응해 보잉사도 새 모델 737-MAX를 만듭니다. 기존의 737-800 모델에 개량된 엔진을 얹는 방식이었습니다. 문제는 이렇게 업그레이드된 737-MAX가 공기역학적으로 기존 모델과 너무 달라졌다는 점입니다. 설계를 완성하여 다양한 컴퓨터 시뮬레이션을 실시하고 공학 해석을 해보니 필요 이상으로 비행기 앞쪽이 올라간다는 결과가 나왔습니다. 실속이 생길 수 있다는 뜻이었습니다. 이를 해결하기 위해 보잉사는 737-MAX에 MCAS(Maneuvering Characteristics Augmentation System)라고 불리는 자동 기능을 탑재합니다.

사고가 난 뒤 조사를 통해 몇 가지 충격적인 사실이 밝혀졌습니다. 보잉사는 737-MAX를 판매하면서 737-800 운행 면허증이 있는 파일럿들은 아이패드로 한두 시간짜리 교육만 받으면 새 모델을 운행할 수 있다는 지침을 안내했습니다. 그런데 이 교육에는 MCAS에 관한 내용이 자세히 들어있지 않았던 것입니다. 추락 사고 전에 이미 몇몇 파일럿이 미국 연방정부의 항공 안전 관련 부서에 해당 항공기 모델이 비행 중 가끔 자동으로 비행각도가 낮아지는 위험이 있다고 보고한 적이 있다고 합니다.

운항 기록으로 사고 당시를 재구성해 보면 이렇습니다. 실속 감지 장치의 오류가 발생했고 이에 따라 MCAS가 작동했는데, 조종사들이 이를 수동으로 바로 잡으려 했으나 MCAS가 계속 기수를 아래로 내려서 추락한 것으로 추정하고 있습니다. 어이없게도 조종사의 수동 조종과 MCAS의 자동 조종이 서로 힘겨루기를 한 운항 데이터가 확인되었습니다.

결과론적인 이야기지만 보잉사의 선택에서 아쉬운 부분이 몇 가지 있습니다. 에어버스가 기존 모델을 조금만 바꿔 성공했다고 해도 보잉사의 모델 개발에도 비슷한 전략이 가능할지, 기술적 문제는 없는지 더 꼼꼼하게 들여다보았어야 합니다. 또 하나는 역학적 불안정성을 자동 시스템으로 잡으려 했다는 점입니다. 새로운 엔진을 장착해 안정성이 낮아졌다면 시간과 비용이 들더라도 전체를 새로 설계하는 것이 나았을 것입니다.

필자가 학부생이던 시절, 수업 시간에 한 교수님께서 하신 말씀이 생각납니다.

"공대생인 여러분들이 의사처럼 사람을 살리는 경우는 많지 않을 겁니다. 하지만 계산 하나 잘못해서 만든 물건 때문에 사람이 죽을 수도 있다는 것을 명심하세요."

## 비행 중 한쪽 날개가 사라진다면

비행 중에 날개가 부서진다면 바로 추락하겠죠. 그런데 한쪽 날개가 완전히 사라지고도 안전하게 착륙한 비행기가 있었습니다. 1983년 이스라엘 공군에서 일어난 일입니다. 여러 대의 전투기가 모의 전투 훈련 중이었는데 그중 한 대가 기계 이상으로 폭발했습니다. 다행히 조종사는 폭발 전에 탈출했지만, 그 전투기가 추락하면서 다른 전투기의 오른쪽 날개에 부딪쳤습니다. 오른쪽 날개가 없어진 전투기는 조종이 불가능한 상태가 되었습니다. 뒤에 앉아 있던 교관은 전투기를 조종하던 훈련병에게 탈출을 지시했지만, 훈련병은 전투기의 속도를 일부러 올려 직진 상태를 회복하고 균형을 잡기 위해 양쪽 엔진을 비대칭으로 사용해 결국 착륙에 성공했습니다.

사고 후 분석을 해보니 여러 가지 효과가 운 좋게 겹쳐 가능한 일이었다는 결과가 나왔습니다. 무엇보다 주 날개의 양력이 가장 중요하지만, 이 전투기는 동체와 꼬리 날개에서도 양력이 조금 발생할 수 있는 구조였다고 합니다. 전투기 조종사는 훗날 방송 인터뷰에서 사고 당시에는 전투기 날개가 없어졌다는 것을 몰랐다고 말했습니다. 날개 속에 있던 연료가 새어 나와 분사되면서 시야를 가린 것입니다. 비슷한 일이 또 일어난다면 과연 안전하게 착륙할 수 있을까요? 이 사고에서 전투기가 추락을 면한 것은 정말 행운이었습니다.

## 바람에 무너진 다리

비행기는 공기의 도움으로 뜨고 날기 때문에 공기의 특성에 크게 영향을 받습니다. 비행기를 설계할 때 다양한 요소를 고려해야 하는데 풍진동 혹은 플러터(flutter)도 그중 하나입니다. 비행기의 속도가 빨라지면 공기의 힘을 받아 날개가 진동하는데, 공기의 흐름과 날개의 진동이 서로 상승 작용을 일으켜 날개 진동이 증폭되는 현상을 말합니다. 날개의 구조를 파괴할 수 있기 때문에 특별히 조심해야 하는 현상입니다. 손으로 플러터 현상을 비슷하게 만들어볼 수 있습니다. 달리는 차에서 손을 내밀어 수평으로 만든 뒤 살짝 아래위로 각도를 주면 바람의 힘과 손을 버티는 힘이 서로 작용하여 손이 아래위로 진동하는 것을 느낄 수 있습니다.

플러터는 건축물에도 영향을 줍니다. 1940년 7월 1일 미국 워싱턴주 타코마 해협에 길이 약 800m의 긴 현수교가 개통되었습니다. 약 4개월 뒤인 11월 7일, 이 다리는 심하게 요동치기 시작합니다. 마치 더운 날씨의 엿가

그림 1-8 **무너지는 타코마 다리**

락처럼 뒤틀리며 진동하다가 결국 무너집니다. 진동이 여러 시간 지속되었기 때문에 사람들은 모두 대피해 인명 피해는 없었지만, 토네이도에도 끄떡없도록 지어졌다던 다리가 바람에 무너지면서 많은 사람들이 그 이유를 궁금해했습니다.

80여 년 전 사고지만, 당시 촬영된 비디오가 자료로 남아 인터넷에서 쉽게 찾아볼 수 있습니다. 이것은 전형적인 플러터 현상이 만든 사고였습니다. 바람의 힘으로 한 번에 다리가 넘어간 것이 아니라, 바람과 다리의 상호 작용이 반복 운동을 만들고 진동이 계속되면서 다리가 무너진 것입니다.

## 재미있는 비행기 주변 이야기

비행기가 지나가는 자리에 하얗게 궤적이 남는 경우가 있습니다. 오염 물질이 가득한 배기가스 아닌가 의심을 자아내지만, 사실 이것은 인공 구름에 가깝습니다. 항공기가 다니는 높이의 공기는 매우 차갑습니다. 수증기가 섞인 배기가스가 항공기에서 나오면 차가운 공기를 만나 응축되고 얼어서 하얗게 됩니다. 차가운 유리에 김이 서리는 것과 비슷합니다. 하늘에 구름처럼 하얀 자취를 남기기 때문에 비행운이라고 부릅니다. 엔진의 개수만큼 줄이 생기므로 비행운을 보고 비행기 엔진 수를 가늠해 볼 수도 있습니다.

여객기 창문 모서리는 둥근 곡선으로 되어 있습니다. 왜 그럴까요?

비행기 내부에는 사람이 타야 하기 때문에 기압이 일정 수준 이상 되어야 합니다. 하지만 비행기 바깥은 공기가 희박하고 압력도 낮습니다. 항공기 안팎의 기압 차이 때문에 항공기 몸체는 항상 힘을 받고 그것을 버텨야 합니다. 그 외 이착륙 시 받는 힘도 대단하죠.

흠 없는 종이의 양 끝단을 잡고 바깥 방향으로 당기면 잘 찢어지지 않지만 가운데를 살짝 찢은 다음 힘을 주면 전체가 쉽게 찢어집니다. 이는 당기는 힘이 찢어진 부분에 집중되어 더 큰 효과를 내기 때문입니다. 이를 응력 집중이라고 부릅니다. 여객기 창문 모서리가 뾰족하면 그곳에 응력 집중이 생길 수 있고, 만에 하나 비행기 몸체가 그 부분부터 찢어질 수도 있습니다. 이를 방지하기 위해 부드러운 모양으로 모서리를 디자인합니다.

비행기 사고 소식을 들으면 비행기 타기가 두렵기도 합니다. 확률적으로만 보면 비행기 사고율은 일반 교통 사고율에 비하면 매우 낮은 수준이며 세계적으로도 비행 100만 건당 0.37회라고 합니다. 한 번의 사고가 큰 인명 피해로 이어지는 만큼 작은 사고율이라 하더라도 더 줄이려는 노력을 게을리하지 말아야 하겠습니다.

# 7 보이지 않지만 아름다운 천체, 블랙홀

2019년 4월 10일, 천문학계와 물리학계에 큰 사건으로 기록될 만한 발표가 있었습니다. 블랙홀 사진이 세계 최초로 공개된 것입니다. 이와 관련한 과학계뿐만 아니라 일반인들에게도 큰 뉴스였습니다. 빛조차 빠져나올 수 없어서 생김새를 눈으로 확인할 수 없고, 그래서 이름도 블랙홀 즉 검은 구멍이라고 지었는데 어떻게 사진을 찍었을까요?

블랙홀은 물리학계에서 오랜 관심의 대상이었고, 그 존재를 실제로 확인하기 위해 많은 물리학자들이 노력해 왔습니다. 관측된 블랙홀의 모습이 영화 〈인터스텔라〉에서 나온 블랙홀의 모습과 어느 정도 유사한 것은 영화 속의 블랙홀이 단순히 영화적 상상력으로 만든 것이 아니라 물리학 이론을 기반으로 만든 상상도였기 때문입니다.

블랙홀은 엄청난 질량이 매우 작은 부피 속에 집약되어 있어서 빛까지 끌어당겨 빠져나오지 못한다고 알려져 있지만, 이것은 정확한 설명이 아닙니다. 질량이 있는 물체가 다른 물체를 끌어당기는 것은 뉴턴이 이미 밝힌 대로 만유인력의 법칙 때문입니다. 뉴턴은 이 법칙을 이용해 중력을 완벽히 설명하고 수학적으로도 탄탄한 기초를 선물했습니다. 예컨대 태양이 지구를 당기는 것은 두 천체 모두 질량을 가지고 있기 때문입니다. 하지만 질량이 크면 빛까지 끌어당긴다는 것은 빛이 질량을 가져야만 가능한 이야기입니다. 사실 빛은 입자인 동시에 파동이고, 빛을 전달하는 입자인 광자는 질량이 없습니다. 따라서 블랙홀이 검은색인 이유가 설명이 안 됩니다.

뉴턴도 만유인력이 왜 존재하는지에 대해서는 명쾌한 답을 내놓지 못했습니다. 아인슈타인(Einstein)이 중력을 다른 시각으로 설명하면서 빛이 질량이 없음에도 중력의 영향을 받는다는 사실을 설명할 수 있게 되었습니다. 아인슈타인의 해석에 따르면 중력은 우리가 직관적으로 느끼는 힘의 일종이라기보다는 시공간의 왜곡이 가져온 일종의 착시 혹은 힘이 있는 것처럼 보이는 현상입니다.

물질이 전혀 없는 공간에서는 모든 위치에서 공간과 시간이 균질하다고 생각할 수 있습니다. 그러나 질량이 큰 물체가 하나 있으면 그 주변으로는 시간과 공간이 일그러집니다. 물체가 여러 개 있으면 일그러진 공간들이 상호작용을 하는데 그것이 우리 눈에는 서로 당기는 힘이 작용하는 것처럼 보인다는 것입니다. 지구나 태양처럼 질량이 큰 물체가 있으면 그 주변의 시공간은 크게 일그러지겠지요. 그래서 우리도 지구에 붙어서 떨어지지 않는 것이고요.

이러한 아인슈타인의 해석은 질량이 큰 물체 주변에서 빛이 휘거나 멈출 수도 있다는 것을 설명해 줍니다. 큰 질량의 주변을 지나는 빛은 일그러진 시공간을 지나가기 때문에 휘어지는 것입니다. 질량이 너무 커서 시공간의 모양이 무한대에 가깝게 일그러진다면 빛도 빠져나올 수 없지요.

이러한 이유로 블랙홀은 외부에서 보면 그냥 까만 공으로 보일 것입니다. 블랙홀의 집중된 질량이 빛을 빠져나가지 못하게 하는 한계 지점이 있는데 질량을 가진 물질뿐만 아니라 빛을 포함한 모든 전자기파가 이 한계 지점을 경계로 안쪽에 있으면 밖으로 나올 수 없습니다. 그래서 그 속에서 무슨 사건(event)이 일어나는지 정보를 얻을 수 없습니다. 마치 지평선 아래가 보이지 않는 것과 비슷합니다. 이런 이유로 블랙홀의 이 경계를 '사건의 지평선(event horizon)'이라고 부릅니다.

실제 관측으로 블랙홀을 형상화할 수 있는 이유는 주변의 빛과 전자기파 때문입니다. 마치 물체 자체를 보지 않아도 그림자를 보고 물체의 존재를 알 수 있는 것과 비슷합니다. 블랙홀은 커다란 중력으로 우주에 떠다니는 물질들을 끌어당깁니다. 블랙홀 중에는 엄청난 속도로 자전하는 것들이 많은데 이 자전의 효과로 다양한 물질이 블랙홀 주변을 회전하게 됩니다. 회전하는 물질들이 고리를 만드는데 이를 강착원반이라고 부릅니다.

이 강착원반 속의 물질들은 빛과 비슷한 속도로 회전하며 서로 충돌하기 때문에 엑스레이를 포함한 여러 가지 전자기파를 사방으로 뿌립니다. 이를 전파 망원경으로 측정해 형상화하면 마치 사진을 찍은 것처럼 강착원반의 모습을 볼 수 있습니다.


## 토성 고리와 블랙홀의 강착원반이 다르게 보이는 이유

강착원반은 마치 토성 주변의 고리와 비슷한 모습을 하게 됩니다. 〈그림 1-9〉처럼 토성과 토성 고리를 옆에서 보면 토성 뒷면의 토성 고리는 토성에 가려서 우리에게 보이지 않습니다. 하지만 블랙홀에서는 다른 일이 일어납니다. 블랙홀 뒷면의 강착원반에서 사방으로 퍼지는 광선과 전자기파들은 블랙홀의 엄청난 중력 때문에 직진하지 못하고 휘어집니다. 〈그림 1-9〉처럼 휘어진 빛이나 전자기파가 우리에게 도달하여 마치 신기루처럼 블랙홀 뒤에 있는 강착원반을 볼 수 있습니다.

영화 〈인터스텔라〉에 나온 블랙홀 모습이 이를 잘 보여줍니다. 수평으로 누워 있는 고리가 실제 강착원반이고, 아래위로 동그란 원형 고리는 사

그림 1-9  **토성 고리와 강착원반이 다르게 보이는 이유**

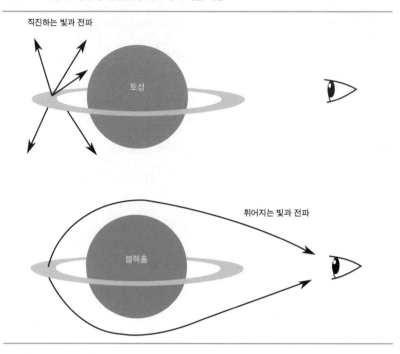

실 블랙홀 뒷면에 있는 강착원반의 신기루입니다. 이런 원리로 생각해 보면 블랙홀을 어느 방향에서 보든 이 신기루 현상 때문에 블랙홀을 동그랗게 감싸는 빛의 고리를 볼 수 있습니다.

2019년에 발표된 블랙홀 영상도 이러한 이론적 배경에 어느 정도 맞아떨어집니다. 다만 해상도가 낮아서 두 개의 강착원반 모습이 정확하지 않은 점은 아쉬움으로 남습니다.

## 블랙홀 관측 장비

블랙홀 관측에 사용된 장비는 전파 망원경입니다. 해당 블랙홀이 무려

5500만 광년 떨어진 천체이기 때문에 망원경으로 가시광선을 관측하는 것이 아니라 전파 망원경으로 전파를 측정해 영상화합니다. 전파도 빛과 같은 성질이 있기 때문에 앞에서 말한 신기루 현상이 그대로 적용됩니다.

워낙 멀리 있는 천체를 관측하는 것이기 때문에 전파 망원경의 분해능이 문제가 됩니다. 분해능이란 측정한 영상이나 전파 등이 가질 수 있는 세밀함의 한계입니다. 간단히 말하자면 서로 가까이 있는 두 점을 측정했을 때 두 점을 깔끔하게 분리하여 나타내는 능력을 말합니다. 요즘은 스마트폰 카메라도 성능이 매우 좋아졌지만, 렌즈가 큰 전문가용 카메라로 찍은 사진을 보면 뭔가 더 세밀하고 깔끔한 느낌이 있습니다. 렌즈의 지름이 커서 분해능이 크기 때문입니다.

전파 망원경도 크기를 키우면 분해능이 향상되지만, 수십 m 크기의 전파 망원경도 5500만 광년 떨어진 블랙홀을 관측하기에는 턱없이 부족합니다. 전파 망원경의 분해능 향상을 위해 전파 간섭계라는 기술이 사용되었습니다. 이 기술을 적용하기 위해 우선 여러 대의 전파 망원경을 공간적으로 멀리 위치시키고 동시에 전파를 측정합니다. 그런 뒤 측정된 여러 데이터를 합성하면 마치 전파 망원경 사이의 거리만큼 큰 전파 망원경으로 관측한 효과를 얻을 수 있다고 합니다. 블랙홀 관측에는 세계 곳곳에 있는 전파 망원경 수십 대가 동원되었습니다. 마치 지구 크기의 전파 망원경을 이용한 것과 같은 효과가 있었다고 합니다.

이렇게 여러 전파 망원경을 사용하려면 같은 시간에 동시에 전파를 측정해야 하는데 모든 위치에서 날씨 좋은 날을 찾기가 매우 어려웠다고 전해집니다. 실제로는 각 전파 망원경이 스케줄에 따라 관측 데이터를 모으고 그 후에 데이터를 동기화했는데, 동기화를 위해 매우 정확한 측정 시간 데이터도 함께 기록해야 했습니다. 이를 위해 수만 년에 1초 정도 오차가 생기는 원자시계가 사용되었습니다.

전 세계 곳곳에 설치된 전파 망원경에서 얻은 데이터를 한곳에 모으기도 쉽지 않았습니다. 측정된 데이터의 양은 5페타바이트였는데, MP3 음악이라고 가정했을 때 재생 시간이 8000년 정도 됩니다. 양이 엄청나 통신으로 전송하는 데만 수년이 걸릴 정도여서 하드디스크를 비행기로 직접 실어 날랐습니다. 남극에 있는 전파 망원경 데이터는 비행기가 뜰 수 있는 계절까지 수개월을 기다려 운반했다고 합니다. 이렇게 조각조각 얻은 전파 측정 데이터를 모아 블랙홀 영상을 얻었습니다.

### 블랙홀 사진 색깔의 의미

마지막으로 한 가지 의문이 생깁니다. 발표된 블랙홀 모습의 색깔은 무슨 의미일까요? 밝게 빛나는 노란색과 주위의 주황색은 과연 블랙홀의 실제 색깔일까요? 이 프로젝트에서 전파 망원경이 측정한 것은 파장 1.3mm의 전파였습니다. 통신용 전파 주파수와 가시광선 주파수 사이의 영역입니다. 눈에 보이지 않는 전파를 측정한 뒤, 강한 전파가 측정된 곳에는 밝은 노란색을, 중간 크기의 전파가 있는 곳에는 붉은색을, 그 외에는 검은색을 입힌 것입니다. 비록 인공적으로 채색한 것이긴 하지만, 강착원반에서 쏟아져 나오는 강한 에너지와 그로 인한 가시광선의 다양한 스펙트럼을 고려하면 꽤 그럴듯한 채색이 아닌가 생각됩니다. 다음에는 조금 더 해상도가 높은 블랙홀 사진이 나오길 기대해 봅니다.

그림 1-10 **블랙홀 상상도**

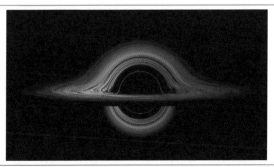

영화 〈인터스텔라〉에서도 비슷한 상상도가 나왔다.
자료: NASA(2019), https://www.nasa.gov/feature/goddard/2019/nasa-visualization-shows-a-black-hole-s-warped-worl

그림 1-11 **2019년에 발표된 블랙홀 이미지**

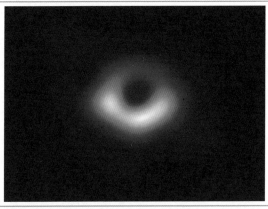

자료: Event Horizon Telescope, https://www.eso.org/public/images/eso1907a

# 02

## 재미있는 기초과학

# 1 왜 매끈한 골프공은 없을까?

골프공을 자세히 본 분들이라면 누구나 한 번쯤 궁금해하셨을 것입니다. 멀리 날아가야 할 골프공에 왜 작고 오목한 홈을 많이 파뒀을까요? 단순히 생각해 보면 공 표면이 매끈해야 더 잘 날아갈 것 같은데 말이죠. 실제로는 이 오목한 홈들이 오히려 공이 멀리 날아갈 수 있게 해준다는 사실을 알고 계셨나요? 비행기나 자동차, 스포츠용 공과 같이 움직이는 물체가 주변 공기로부터 어떤 영향을 받는지 유체역학의 도움을 받아 알아보겠습니다.

1부에서 말한 대로 비행기는 공기의 힘으로 떠오를 수 있습니다. 공기로부터 날개에 양력이 작용하는 것인데요, 이 양력은 날개의 특수한 모양 때문에 발생합니다. 날개 단면을 보면 아랫면은 평평하고 윗면은 볼록한 곡면으로 되어 있습니다. 비행기가 전진하면 주변 공기가 날개 표면을 따라 흐릅니다. 날개 아래쪽 공기는 특별한 방해 없이 흐르지만 날개 위쪽 공기는 날개의 볼록 면을 따라 흘러야 하므로 속도가 빨라집니다. 속도가 빨라진 유체는 압력이 떨어지는데 이것을 베르누이 원리라고 부릅니다. 따라서 날개 위쪽 압력이 아래쪽 공기압보다 낮아지기 때문에 공기압의 차이에 의해 날개를 위쪽으로 밀어 올리는 양력이 생깁니다.

축구에서의 속칭 바나나킥이나 야구에서의 변화구도 비슷한 원리로 설명할 수 있습니다. 〈그림 2-1〉처럼 축구공의 왼쪽 부분을 찼다고 생각해 봅니다. 그러면 공은 앞으로 진행하면서 시계 방향으로 회전합니다. 이 회전 때문에 공의 왼쪽 부분은 공기와 마찰을 일으켜 공기 흐름이 느려지고

그림 2-1   **바나나킥이 휘어지는 이유**

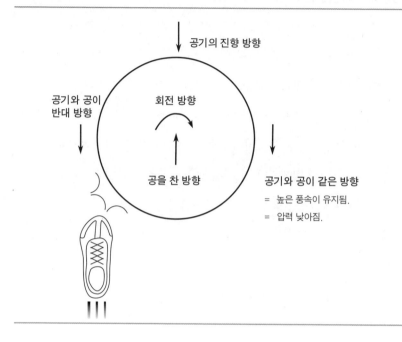

공의 오른쪽 부분은 반대로 공기 흐름에 영향을 덜 주게 됩니다. 이 속도 차이는 베르누이 원리에 따라 기압 차이를 만들어 공은 오른쪽으로 휘어 날아갑니다. 이처럼 회전하는 물체가 공기로부터 힘을 받는 현상을 마그누스 효과(Magnus effect)라고 부릅니다. 골프에서도 공의 밑부분을 타격하여 역회전을 걸어 치는 경우가 많은데 역회전은 골프공이 땅에서 구르는 거리를 줄여 더 정교한 샷을 가능하게도 하지만, 마그누스 힘을 얻어 체공 시간을 늘리는 이점도 있습니다.

축구의 무회전 킥과 야구의 너클볼은 또 다른 형태의 유체역학을 이용한 기술입니다. 둘 모두 공의 회전은 없지만 진행하는 공의 뒷면에 소용돌

그림 2-2  **표면에 딤플이 있는 골프공**

이가 발생합니다. 무회전 공에서 생기는 이 소용돌이는 공의 진행을 교란합니다. 이 소용돌이는 예측하기 어려운 양상으로 생기기 때문에 공의 진행 방향이 급격히 변합니다. 무회전 공은 다소 운을 기대해야 하는 측면이 있습니다. 소용돌이의 방향과 크기를 선수가 조절할 수 없기 때문입니다. 야구에서 너클볼은 포수가 못 받고 놓칠 수 있기 때문에 주자가 있을 때는 부담이 큽니다. 잘 들어가기만 하면 타자의 헛스윙을 쉽게 유도할 수 있죠.

골프공의 작은 홈을 알아볼 차례입니다. 보조개를 뜻하는 딤플(dimple)로 불리는 이 작은 홈들은 공기와 마찰을 일으켜 공의 진행에 적게나마 방해가 됩니다. 하지만 공기가 공의 표면을 따라 잘 흘러가게 도와줍니다. 만약 이 딤플이 없으면 공 표면을 따라 흐르는 공기는 공의 중간쯤에서 떨어져 나가 공 뒤쪽에는 압력도 떨어지고 소용돌이도 생깁니다. 이렇게 되면 공의 진행을 방해하는 항력이 커집니다. 신기하게도 딤플은 공기가 공 표면을 따라 잘 흘러가게 도와줍니다. 이렇게 되면 항력이 증가하지 않아 공이 더 잘 날아갑니다.

그림 2-3  **날개 모양의 자동차 스포일러**

19세기까지도 골퍼들은 마찰이 적은 매끈한 공을 선호했습니다. 그러나 여러 번 사용하여 표면이 거칠어진 골프공이 예상과 달리 더 멀리 날아가는 것을 발견했고, 20세기 초부터는 딤플을 넣은 골프공이 널리 사용되기 시작했습니다. 물론 유체역학으로 그 원리가 확실히 규명되었기 때문에 가능한 일이었습니다.

자동차에도 골프공의 딤플과 같은 역할을 하는 것이 있습니다. 트렁크 위에 날개처럼 생긴 부착물을 단 차를 가끔 볼 수 있습니다. 이를 스포일러라고 부르는데 공기 흐름을 망치는 장치라는 의미입니다. 자동차가 고속으로 달리면 마치 비행기 날개처럼 양력을 받습니다. 바퀴와 땅의 접촉을 약화하기 때문에 양력은 주행에 좋지 않습니다. 또 스포일러가 없을 경우, 공기 흐름은 자동차를 뒤로 끌어당기는 항력을 만들어내기도 합니다. 스포일러는 소규모의 난류를 만들어 국소적으로 공기 흐름을 흐트러뜨려 결과적으로 양력과 항력을 만들지 못하게 합니다.

자동차 스포일러나 골프공의 딤플은 상식적으로는 물체 운동에 방해가 될 것 같지만 오히려 그 반대입니다. 과학기술을 기반으로 한 선택이 우리의 직관적인 선택보다 좋은 결과를 만들어내는 경우가 많습니다. 이것이 바로 우리가 과학기술을 계속 발전시켜야 할 이유이기도 합니다.

## 2 열역학이 알려주는 삶의 법칙

열역학에서 다루는 몇 가지 법칙과 그것이 시사하는 여러 가지 의미를 알아보겠습니다.

열역학은 열과 에너지를 다루는 물리학의 한 분류인데 응용 분야가 매우 다양하기 때문에 순수과학을 넘어 공학에서도 깊이 다루는 학문입니다. 자동차, 비행기 등에 사용되는 엔진, 냉장고와 에어컨에 이용되는 냉각 장치, 건물 전체의 냉난방 및 통기 시스템 등이 열역학과 함께 눈부시게 발전해 왔습니다.

### 열역학의 법칙들

열역학에는 유명한 제1법칙과 제2법칙이 있습니다. 열역학 제1법칙은 에너지 보존의 법칙입니다. 다시 말해 전체 에너지의 총량은 변하지 않는다는 의미입니다. "세상에 공짜 없다"라는 표현과도 일맥상통합니다. 전기로 전구에 불을 밝히면 전기에너지가 빛에너지로 바뀔 뿐 전체 에너지 양은 변하지 않습니다. 에너지가 없는 곳에서 에너지가 저절로 생성되지 않는 것도 같은 이치입니다.

인류가 에너지 보존 법칙을 완전히 이해하기 전까지는 에너지가 무한히 생성되는 기계를 만들 수 있다고 주장하는 사람들이 많았습니다. 이를 1종 영구 기관이라고 부릅니다. 1종 영구 기관이 불가능하다는 것을 인류 과학이 밝혀냈지만 아직도 영구 기관 개발에 평생을 바치는 괴짜들이 있고, 인터넷에서 쉽게 찾아볼 수 있습니다. 자세히 들여다보면 모두 불가능한 영구 기관이고, 뒤에서 이야기할 2종 영구 기관과 혼동한 경우도 많습니다.

열역학 제2법칙은 모든 변화는 무질서한 정도가 증가하는 방향으로 일어난다는 것입니다. 무질서한 정도를 과학자들은 엔트로피(entropy)라는 멋진 이름으로 부릅니다. 그래서 열역학 제2법칙을 엔트로피 증가의 법칙이라고 부르기도 합니다.

예컨대 물이 든 컵에 잉크를 한 방울 떨어뜨리면 그 잉크 방울은 서서히 물과 섞입니다. 물과 잉크가 따로 정돈된 질서 있는 상태에서 서로 섞이는 무질서한 상태로 변화가 일어납니다. 에너지의 변화도 비슷하게 설명할 수 있습니다. 휘발유 속에서 질서정연하게 저장된 화학에너지가 연소 과정을 통해 엔진의 운동에너지로 바뀔 때 반드시 열에너지나 소리에너지 등으로 손실이 발생합니다.

열역학 제2법칙은 무질서도(엔트로피)가 감소하는 방향으로는 스스로 변화가 일어날 수 없다는 것을 의미합니다. 물속에 섞여 들어간 잉크는 스스로 다시 물에서 분리되지 않습니다. 또 엔진의 운동에너지와 열에너지를 한군데 모아놓는다고 해서 휘발유 속 화학에너지로 다시 변하지는 않습니다.

물론 필터를 이용해 물을 정화하면 잉크와 분리할 수 있습니다. 하지만 이 분리 과정에 들어가는 에너지와 필터 제조는 또 다른 방식으로 엔트로피를 증가시킵니다. 국소적인 엔트로피는 감소시킬 수 있지만, 전체 엔트로피는 결국 증가합니다.

## 영원히 움직이는 기계

인터넷에서 다소 잘못된 내용으로 영구 기관을 발명했다고 주장하는 사람들이 보입니다. 앞에서 말한 대로 1종 영구 기관과 2종 영구 기관을 분리할 필요가 있습니다. 1종 영구 기관은 에너지 공급이 없는 상태에서 기계가 움직이게 할 수 있다는 것이므로 검증하기 어렵지 않습니다. 기계가 멈춘 상태에서 다시 움직이게 해보라고 하면 됩니다. 대부분의 유사 영구 기관은 처음 동작을 위해 전기를 쓰든 사람이 움직여 주든 초기 에너지를 공급합니다. 이렇게 되면 2종 영구 기관의 관점에서 보아야 합니다.

2종 영구 기관은 에너지의 형태가 변할 때 손실이 없는 기계입니다. 에너지가 변환될 때 가시적인 움직임이 있기 때문에 우리 눈에는 뭔가 계속 움직이고 작동하는 것처럼 보입니다. 열역학 제2법칙에 따라 2종 영구 기관은 만들 수 없습니다. 에너지가 변환될 때 흩어지는 에너지가 있기 때문입니다.

2종 영구 기관은 완벽하지 않더라도 비슷하게 꾸며볼 수는 있습니다. 단순한 예로 시계추와 비슷한 진자를 생각해 봅시다. 천장에 묶어놓은 줄의 다른 끝에 무거운 추를 답니다. 추를 한 번 밀고 그대로 두면 좌우로 왕복 운동하지요. 중력이 있기 때문입니다. 처음에 추를 밀면 추가 약간 올라갑니다. 줄에 매달려서 원호를 그리는 운동을 하기 때문이죠. 추가 지면에서 더 위로 올라갔다는 것은 중력에 관한 위치에너지가 증가했다는 뜻입니다. 그 증가한 위치에너지는 우리가 공급해 준 것입니다. 그런 다음 우리가 손을 떼면 추는 원호 궤적을 따라 내려왔다가 반대쪽으로 올라가고 다시 원위치로 오는 반복 운동을 합니다. 추가 제일 낮은 위치에 있을 때 가장 높은 속도를 냅니다. 가지고 있던 위치에너지가 운동에너지로 바뀐 것입니다. 위치에너지와 운동에너지가 서로 커지고 작아지는 현상이 반복되며 진자가 움직입니다.

진자의 움직임에는 여러 가지 마찰이 존재합니다. 공기와 움직이는 진자 사이에 마찰이 생기고, 줄과 천장 사이에도 미세한 마찰이 있습니다. 모든 마찰을 완벽하게 방지할 수 있다면 2종 영구 기관이 완성됩니다. 하지만 이것은 구현하기 매우 어렵습니다. 진공에서 실험한다면 공기 저항을 줄일 수는 있지만, 추와 줄의 움직임에 주는 영향이 완전히 사라질 정도의 완벽한 진공을 만드는 것은 현실적으로 어렵고 만약 공기는 빼냈다 하더라도 추와 줄의 표면에서 있을 수 있는 물리적 부식이나 구조 변화를 완벽하게 막을 수는 없습니다. 또 천장과 줄의 연결 부위를 아무리 잘 설계한다고 해도 줄은 계속 움직이고 천장은 정지해 있기 때문에 두 물체 간의 마찰을 없앨 수 없습니다. 최대한 양보하여 2종 영구 기관이 완성되었다고 해도 에너지가 공짜로 생기는 것은 아니기 때문에 그 의미를 확대 해석해서는 안 됩니다.

인터넷에 있는 영구 기관 영상을 보면 대부분 2종 영구 기관의 형태를 띠고 있습니다. 진자의 예에서 보았듯이 2종 영구 기관은(물론 불가능하지만) 계속되는 움직임이 있기 때문에 현혹되기 쉽습니다. 그것은 에너지 형태가 반복적으로 변하는 과정을 보여줄 뿐 에너지를 만들어내는 것이 아닙니다.

## 확률과 엔트로피

엔트로피는 확률과도 관련이 있습니다. 동전이 100개 있습니다. 하나씩 던져서 앞뒤를 확인해 봅시다. 인위적으로 조작을 하지 않는다면 대략 50개 정도는 앞면이 나오고 나머지 50개는 뒷면이 나올 것입니다. 다시 한 번 같은 실험을 해도 앞뒷면의 비율은 50 대 50 정도일 것입니다. 만약 모든 동전이 앞면이 나오기를 기대한다면 어떨까요? 매우 일어나기 어려운 상황이어서 확률이 아주 낮다고 말할 수 있습니다. 이렇게 일어날 확률이 낮은 사건(모든 동전이 앞면)과 확률이 높은 사건(50개의 동전이 앞면)을 비교했을 때 확률 높은 사건이 높은 엔트로피를 가진다는 것을 확인할 수 있습니다. 앞서 이야기했듯이 열역학 제2법칙은 엔트로피가 증가하는 방향으로 현상이 진행된다고 했고, 확률이 높은 사건이 앞으로 일어날 것이기 때문입니다.

이것은 매우 단순화한 설명이고, 관련 학문은 오래전에 매우 정교하게 정립되었습니다. 그 중심에 오스트리아 출신의 물리학자 루트비히 볼츠만 (Ludwig Boltzmann)이 있습니다. 통계 열역학의 문을 연 그는 자신의 묘비에 "$S = k \, log \, W$"라는 수식을 남겼습니다. 엔트로피는 확률의 로그 함수에 비례한다는 뜻으로, 통계 열역학에서 매우 중요한 볼츠만의 방정식입니다. 과학자라면 누구나 이렇게 자신이 만든 공식 하나를 묘지에 남기고 싶어 할 것 같습니다.

## 세상일이 내 마음대로 안 되는 이유

사람들의 욕망은 대부분의 경우 열역학 법칙에 어긋납니다. 재물이 줄지 않는 화수분을 바라지만 없던 에너지가 생성되지 않듯이 재물도 저절로 생기지 않죠. 또한 사람들은 뭔가 잘 정돈되고 계획대로 진행되는 일상을 꿈꾸지만, 그것은 무질서도가 유지되거나 감소하는 방향이기 때문에 시간과 노력을 들여야만 일어날 수 있는 일입니다.

"행복한 가정은 모두 비슷하지만, 불행한 가정은 저만의 방식으로 불행하다."

톨스토이(Tolstoy)의 소설 『안나 카레니나』의 첫 문장입니다. 세계 문학에서 가장 유명한 첫 문장이기도 합니다. 인생의 굴곡을 어느 정도 겪은 분이라면 누구나 공감하리라 생각합니다. 이 구절에서 엔트로피 법칙을 읽어낸다면 과한 해석일까요? 물론 작가 톨스토이가 엔트로피 법칙을 표현하기 위해 이 구절을 쓰진 않았겠지만, 우리의 삶이 그 법칙의 테두리 안에 있다는 것을 확인할 수 있습니다.

가정의 행복을 만들고 지켜나간다는 것은 쉬운 일이 아니죠. 행복을 얻기 위해서는 에너지가 필요하고 무언가를 해야만 합니다. 확률적으로 낮은 사건이라고 해석할 수 있습니다. 확률적으로 낮다는 것은 동전 100개를 던져서 앞면만 나오는 것처럼 다른 경우가 별로 없는 상태입니다. 한편그와 반대되는 상황을 있는 그대로 표현하자면 불행한 것은 매우 쉽게 얻을 수 있는 상태입니다. 가정을 돌보지 않고, 무책임하게 행동하고, 행복을 위해 노력하거나 에너지를 쓰지 않으면 됩니다. 수학적 언어로 바꾸면 불행한 가정을 만들 수 있는 확률은 상대적으로 높습니다. 동전 던지기에서

50개의 앞면이 나오는 경우와 비슷합니다. 100개 중 첫 50개가 앞면이어도 되고, 나머지 50개가 앞면이어도 되고, 하나씩 건너뛰며 앞면이 나와도 됩니다. 매우 다양한 경우의 수가 존재하지요. 불행의 모습이 다양하다는 사실은 엔트로피의 법칙과도 참 잘 맞아떨어집니다.

경제 흐름도 이런 맥락에서 이야기해 볼 수 있습니다. 경제는 스스로 발전하지 않으니 경제가 발전한다는 것은 국소적으로 무질서도가 감소하는 현상이라고 볼 수 있습니다. 투자금이 낭비되지 않고 잘 정돈되어 촉망받는 기업에 투자되는 것도 국소적으로는 무질서도가 감소하는 사건입니다. 하지만 전체 엔트로피는 증가할 수밖에 없기 때문에 국소적으로 엔트로피가 감소하려면 다른 어떤 곳에서는 엔트로피가 증가한다는 것을 알 수 있습니다. 사람들이 투자하고 있는 시간과 노력이 무질서도를 증가시킵니다. 이런 맥락에서 본다면 결국 증가하는 무질서도를 잘 계획하여 원하는 부분에서 최상의 무질서도 감소를 유도해 내는 능력이 경제적 성공의 열쇠가 될 것입니다.

생로병사는 어떨까요? 생명이 태어나서 노화하는 방향은 전체적으로 거스를 수 없고 무질서도가 증가하는 방향입니다. 우리 몸을 이루는 물질만을 모아두었다면 며칠 안에 다 흩어지는, 즉 무질서도가 증가하는 방향으로 변화가 일어나겠지만, 그 안에 생명이 있기 때문에 무려 80년 가까이 살아갈 수 있습니다. 결국 생명이 육체의 엔트로피 증가를 더디게 만든다고 볼 수 있습니다.

경제학자 제러미 리프킨(Jeremy Rifkin)은 그의 저서 『엔트로피』에서 이러한 세계관을 피력했습니다. 여러 사회 분야, 인간의 생활방식, 과학기술

변화를 엔트로피 증가의 법칙으로 설명하고 미래를 예측했습니다. 저자는 이 책에서 종말론에 가까울 정도로 암울한 결론을 말하고 있습니다. 하지만 태양의 유한한 수명을 현재 인류가 걱정하지 않듯이 엔트로피의 상한선이 이론적으로 정해져 있지 않기 때문에 비관론에 갇힐 필요는 없어 보입니다. 다만 물질세계에서 엔트로피 증가를 가속하는 방향은 많은 경우 환경오염, 에너지 낭비 등과 궤를 같이하기 때문에 조심할 필요는 있습니다.

## 시간과 엔트로피

엔트로피 증가의 법칙은 물리학에서 시간을 새로운 관점에서 볼 수 있게 해줍니다. 아인슈타인이 등장하기 전까지 물리학에서 시간은 특별히 까다로운 존재가 아니었습니다. 직관적으로 느끼듯이, 그리고 시계가 보여주듯이 규칙적으로 흐르는 것으로 보았습니다. 하지만 아인슈타인이 빛을 설명하면서 모두가 깜짝 놀랄 만한 이야기를 들려줍니다. 시간은 균질하지도, 우리 모두에게 동일하지도 않다고 말이죠. 심지어는 공간도 그렇다고 했는데 이것이 바로 상대성이론입니다. 이렇게 흔들려 버린 시간의 개념은 아직도 많은 생각거리를 던져줍니다.

물리학에서는 수많은 물리 법칙이 수식으로 정립되어 있습니다. 변화를 표현하는 식에는 시간을 나타내는 변수도 포함되어 있지요. 신기한 것은 이러한 수식들이 시간의 흐름을 한쪽 방향으로 강제하지는 않는다는 점입니다. 모든 물리 현상이 시간상에서 한쪽 방향으로 일어나는 것은 확실하기 때문에 수학적 표현에서 비록 시간의 방향이 정해지지는 않더라도 그중 실제 현상과 같은 방향 하나를 선택하면 됩니다.

하지만 물리학자들은 조금 더 근본적인 답을 원했습니다. 이제 시간의 방향을 정할 때 물리학자들은 엔트로피 법칙을 이용합니다. 엔트로피가 증가하는 방향으로 시간이 흐른다는 것입니다. 그 전까지 시간은 한쪽 방향으로 고정적으로 흐르고 그 위에 증가하는 엔트로피를 관찰했다면 이제는 엔트로피를 기준으로 삼아 시간의 방향을 결정합니다.

## <u>3</u> 왜 금속은 나무보다 더 차가울까?

간단한 실험으로 이야기를 시작하겠습니다. 지금 실내에 계신다면 가열이나 냉각된 적 없이 실내 온도에 여러 시간 노출된 물건 중 나무로 된 것과 금속으로 된 것을 찾아보세요. 이제 두 물체를 차례로 잡고 온도를 느껴보세요. 어느 쪽이 더 차가운가요? 일반적으로 금속이 더 차갑습니다. 그렇다면 금속의 온도가 항상 나무의 온도보다 낮은 걸까요? 간단해 보이는 이 현상을 확실히 설명할 수 있게 된 지는 불과 200년도 되지 않습니다.

열과 온도에 관한 연구는 불이라는 현상을 설명하기 위한 노력에서 출발했습니다. 18세기 무렵 사람들은 열에너지가 열소라고 불리는 미지의 입자에 의해 전달된다고 생각했습니다. 이 열소를 많이 포함한 물체는 온도가 높아진다고 설명했습니다. 심지어 열소가 음의 질량을 가진다는 주장까지 나올 정도로 깊은 연구가 진행되었습니다.

하지만 19세기에 들어오면서 여러 가지 실험과 현상에서 열소 개념으로 설명할 수 없는 일들이 발견되었습니다. 대표적인 것이 마찰로 인한 발열 현상이었습니다. 열에너지가 열소 입자의 전달이라면 두 물체의 마찰에서 생기는 열에너지와 발열 현상은 열소 입자가 소진될 때까지만 가능합니다. 하지만 현실에서는 마찰할 때마다 열이 발생합니다. 더구나 마찰하는 두 물체 모두 온도가 상승하므로 열소를 공급하는 물체는 없고 받는 물체만 있는 모순이 발생합니다.

그래서 사람들은 열에너지의 흐름은 물질의 이동이 아니라 운동에너지의 전달임을 알게 되었습니다. 물체들을 이루는 구성단위인 분자 혹은 원자는 끊임없이 움직입니다. 심지어 딱딱해 보이는 고체 속에서도 분자와 원자가 미세하게 움직입니다. 이 움직임의 에너지가 열에너지이고 구성 분자 한 개의 평균 에너지를 온도로 정의합니다.

두 물질이 물리적으로 접촉되어 있으면 열에너지가 높은 온도에서 낮은 온도로 이동합니다. 외부에서 가열 혹은 냉각하지 않는 한, 접촉된 두 물체 간의 열에너지 흐름은 두 물체의 온도가 같아질 때까지 지속됩니다. 이를 열평형이라고 부릅니다.

앞에서 말한 실험을 다시 생각해 볼까요? 금속 물체가 실내 공기에 오랫동안 접촉해 있었으니 금속과 공기는 같은 온도가 되고, 목재 물건도 실내 공기와 온도가 같아집니다. 따라서 금속 물체와 목재 물건은 온도가 같지만 이것은 우리가 손으로 느낀 온도와 다른 결과입니다.

손으로 물체의 온도를 느낄 수 있는 것은 피부 밑에 온도 감지 신경이 있기 때문입니다. 더 정확히 말하자면, 이 신경은 그것을 감싸고 있는 피부 조직의 온도를 감지하는 것입니다. 피부가 물체에 닿으면 물체와 피부 사이에서 열에너지 전달이 일어납니다. 상온의 물체가 피부보다 온도가 낮기 때문에 피부의 열에너지가 물체로 이동합니다.

열에너지가 이동하는 속도는 물체마다 다른데, 금속의 경우는 열에너지 전달이 상대적으로 빠릅니다. 자유전자가 많기 때문입니다. 그래서 피부가 닿았을 때 피부의 열에너지를 빨리 빼앗아 가죠. 그래서 피부 온도가 순간적으로 내려가고 이를 감지한 신경을 통해 우리는 금속이 차갑다고 인지합니다. 나무의 경우는 이 열에너지 전달이 상대적으로 느려서 덜 차갑다고 느낍니다.

섭씨 100도의 물에는 화상을 입지만, 같은 온도의 사우나에서는 왜 괜찮을까요? 사우나 속 수증기는 기체이기 때문에 분자의 밀도가 물보다 매우 낮습니다. 수증기 기체 분자가 피부에 닿는 빈도 또한 낮죠. 그래서 열에너지가 수증기에서 피부로 천천히 전달됩니다. 반면 뜨거운 물 분자는 훨씬 높은 빈도로 피부에 접촉해 에너지를 전달하므로 급격히 피부 온도를 상승시켜서 위험한 것입니다.


## 물질의 상변화와 잠열

열에너지는 물질의 상변화를 일으킵니다. 상변화란 물질이 고체, 액체, 기체로 변하는 현상을 말합니다. 얼음을 가열하면 물이 되고 더 가열하면 수증기가 되는 것도 상변화입니다. 일반적으로 간단히 이야기할 때는 영하의 얼음이 섭씨 0도가 되면 물이 되고 물이 섭씨 100도가 되면 끓어서 수증기가 된다고 말하지만, 과학적으로는 다소 불확실한 서술입니다. 실제로 0도의 얼음에 열을 더 주면 0도의 물로 변합니다. 물도 100도를 유지하다가 더 가열하면 100도의 수증기로 변합니다. 이처럼 온도는 같지만 상을 변화시키는 열에너지를 잠열이라고 합니다. 숨은열이라는 뜻이죠.

노력을 북돋우는 글귀 중에 이런 말이 있습니다.

"99도까지 열심히 올려놓아도 마지막 1도를 넘기지 못하면 영원히 물은 끓지 않는다. 물을 끓이는 것은 마지막 1도다."

과학과 부합하게 고치면 이렇게 됩니다. "100도까지 열심히 올려놓아도 잠열을 넘기지 못하면 영원히 물은 끓지 않는다." 실제로 물 1kg을 0도부터 100도까지 올리려면 100kcal가 필요하지만, 이를 수증기로 만들려면 무려 539kcal를 추가로 공급해야 합니다. 성취를 위해서는 마지막 순간까지 엄청난 양의 숨은 노력과 희생이 필요하다는 삶의 진리를 잠열이 비유적으로 보여주는 것 같습니다.


## 금속으로 얼음을 만들면?

음료수를 차갑게 먹기 위해 얼음을 넣어 마실 경우 단점이 하나 있습니다. 얼음이 녹으면 음료수가 희석되어 맛이 떨어진다는 점이죠. 그래서 아이디어 상품으로 스테인리스 얼음이라는 것이 나왔습니다. 스테인리스 금속으로 얼음 크기의 육면체를 만든 것입니다. 미리 냉동실에 넣어서 차갑게 만들었다가 필요할 때 음료에 넣으면 낮은 온도를 유지해 준다는 아이디어인데요, 과연 얼음과 비교했을 때 효과가 좋을까요? 이는 열에너지에 관한 물질의 특성을 공부하는 데 좋은 예제가 됩니다.

얼음의 비열은 약 0.5cal/g·°C인데 이것은 얼음 1g의 온도를 1°C 올리는 데 0.5cal가 필요하다는 뜻입니다. 스테인리스의 비열은 약 0.11cal/g·°C입니다. 같은 부피의 얼음과 스테인리스를 비교해야 하므로 밀도도 필요

그림 2-4 **스테인리스 얼음과 진짜 얼음의 효율 비교**

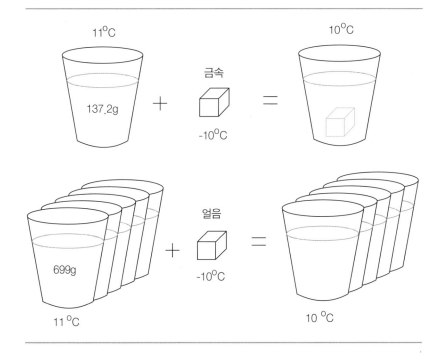

합니다. 얼음의 밀도는 0.92g/cm³로 가로, 세로, 높이가 각각 2cm인 육면체라면 7.36g 정도 됩니다. 스테인리스의 밀도는 약 7.8g/cm³이므로 얼음과 같은 크기라면 62.4g입니다. 결과적으로 얼음은 온도가 1°C 올라갈 때 주변에서 7.36 × 0.5 = 3.68cal를 흡수하고, 스테인리스는 62.4 × 0.11 = 6.86cal를 흡수합니다.

영상 11°C의 음료에 영하 10°C의 얼음을 넣어 최종적으로 영상 10°C의 음료수가 되었다고 생각해 봅시다. 스테인리스 얼음은 계산이 간단합니다. 1도 상승에 6.86cal를 흡수했으므로 영하 10°C에서 영상 10°C까지

20°C 상승할 때 $6.86 \times 20 = 137.2$cal를 음료수로부터 흡수합니다. 이것은 137.2g의 물이 11°C에서 10°C로 떨어질 때 내놓은 칼로리로 치환할 수 있습니다. 결과적으로 가로, 세로, 높이가 각각 2cm인 영하 10°C인 스테인리스 얼음을 온도가 11°C이고 양이 137.2g인 물에 넣으면 최종적으로 10°C가 된다는 뜻입니다.

얼음의 경우는 다소 복잡합니다. 먼저 영하 10°C의 얼음이 0°C의 얼음이 된 다음 녹아서 0°C의 물이 되고, 그 뒤 10°C의 물이 되는 3단계를 거칩니다. 0°C의 얼음이 될 때까지 $10 \times 3.68 = 36.8$cal를 흡수합니다. 얼음이 녹을 때는 잠열이 관여합니다. 얼음의 잠열은 g당 80cal이므로 이 경우에는 $80 \times 7.36 = 588.8$cal를 흡수합니다. 얼음이 녹아 생긴 7.36g의 물이 영상 10°C가 될 때 $10 \times 7.36 = 73.6$cal를 흡수합니다. 다 합하면 약 699cal입니다. 이것은 699g의 물이 11°C에서 10°C로 떨어질 때 내놓은 칼로리로 치환할 수 있습니다. 따라서 영하 10°C인 얼음을 영상 11°C이고 양이 699g인 물에 넣으면 최종적으로 10°C가 된다는 뜻입니다.

이 비교에서 스테인리스 얼음이 온도를 내리는 효과는 진짜 얼음의 5분의 1 정도밖에 되지 않습니다. 만약 스테인리스 얼음 속에 열을 더 많이 흡수하는 물질을 넣으면 효율을 올릴 수 있습니다. 다만 녹은 얼음이 음료수와 섞이면서 발생하는 빠른 열전달 속도를 고려하면 여전히 진짜 얼음이 열과 에너지 측면에서는 더 나아 보입니다.

## 컴퓨터에도 필요한 열전달의 원리

고체에서 기체로 열에너지가 이동할 때는 표면적이 큰 영향을 미칩니다. 우리는 추울 때 몸을 웅크리고 더울 때 몸을 폅니다. 추울 때는 공기와 닿는 면적을 줄여 열손실을 막으려는 것이고 더울 때는 반대로 열이 빠져나가도록 하는 것이죠. 컴퓨터 속에 이 원리가 들어 있습니다. 컴퓨터가 빨라지고 계산량도 많아지면서 반도체 내에서 수많은 전자가 엄청난 속도로 움직입니다. 이 움직임 때문에 열이 발생하는데 만약 이 열을 적절히 빼주지 않으면 작동이 멈출 수도 있습니다. 그래서 컴퓨터 중앙 처리 장치나 그래픽 처리 장치의 반도체에는 냉각 장치를 붙여줍니다. 히트 싱크(heat sink)라고 불리는 이것은 열전도율이 높은 금속으로 만드는데, 얇은 판 또는 가는 기둥이 촘촘하게 붙어 있는 모양입니다. 공기와 닿는 면이 넓어서 뜨거운 열기가 빨리 빠져나가도록 도와줍니다.

그림 2-5 **컴퓨터 회로의 히트 싱크**

## 4 탄소의 아름다운 변신

2010년 노벨 물리학상은 그래핀(graphene)이라는 새로운 물질을 연구한 안드레 가임(Andre Geim)과 콘스탄틴 노보셀로프(Konstantin Novoselov)가 받았습니다. 당시 한국 물리학계는 살짝 아쉬워했습니다. 왜냐하면 하버드 대학교 물리학과 교수인 김필립 박사도 그래핀 연구로 대단한 기여를 해왔기 때문입니다. 그는 과학 분야 노벨상에 근접해 있는 한국인으로 언론에 소개된 적도 많았습니다.

과학 분야 노벨상은 주로 해당 연구 분야 창시자에게 주는 전통이 있습니다. 이미 시작된 연구를 따라가면서 응용 분야를 넓히는 것도 매우 의미 있는 일이지만, 존재하지 않던 연구 분야를 새로 개척하는 것이 더 어렵고 중요하기 때문이지요. 이런 의미에서 스웨덴 한림원은 2010년 노벨 물리학상을 그래핀 연구 창시자에게 수여했습니다.

우리에게는 생소한 물질인 그래핀은 과연 무엇일까요? 그래핀은 사실 탄소 덩어리입니다. 탄소는 숯이나 흑연, 연필심 등으로 우리에게 익숙한 원소입니다. 다만 탄소는 몇 가지 독특한 구조를 가질 수 있는데, 그중 하나가 그래핀입니다.

탄소 원자에는 여섯 개의 전자가 있고 그중 최외각 전자로 불리는 네 개가 화학 반응에 관여합니다. 쉽게 풀어보자면, 탄소는 주로 네 개의 손을 내밀어 다른 원소와 결합한다는 뜻입니다. 때에 따라서는 네 개의 손 중 두 개가 뭉쳐져서 세 개의 손으로 화학 결합 할 때도 많습니다. 수많은 탄소 원자가 이렇게 서로 손을 맞잡아 연결되어 물질이 만들어지는데, 결합한

그림 2-6 **풀러렌과 탄소나노튜브의 구조**

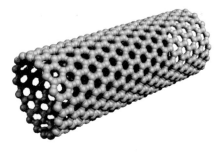

형태에 따라 몇 가지 다른 물질, 즉 동소체를 만들 수 있습니다. 단일 원소로 이루어진 물질이지만 결합 형태의 차이에 따라 생성된 다른 물질을 동소체라고 부릅니다.

잘 알려진 대로 다이아몬드는 탄소 덩어리입니다. 탄소 동소체 중 하나인 것이지요. 탄소 원소가 네 개의 손을 뻗어 이웃한 네 개의 탄소 원소를 붙잡고, 이러한 형태가 계속 반복된 것이 다이아몬드입니다. 화학적으로 안정적이고 물리적으로도 단단해서 사랑을 상징하는 보석이 되었습니다.

탄소의 동소체에는 풀러렌(fullerene)이라는 물질도 있습니다. 흑연에 레이저를 쏘았을 때 발견된 이 물질은 탄소 원자 60개가 축구공 모양으로 결합되어 있습니다. 플라스틱이나 새로운 물질을 만들 때 첨가하면 자연 재료보다 튼튼하거나 우수한 전기적 특성을 만들어낼 수 있다고 합니다. 이 풀러렌이 1999년 과학계의 주목을 받은 적이 있습니다. 양자역학에서 이야기하는 입자-파동의 이중성을 보여주는 실험에 사용되었기 때문입니다.

그림 2-7  **흑연의 구조**

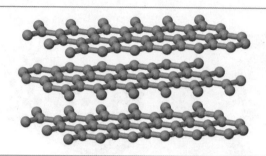

양자역학에서 전자를 이용한 이중 슬릿 실험은 20세기 초 양자역학 탄생에 크게 기여했습니다. 입자라고 생각했던 전자가 파동처럼 이중 슬릿을 통과한 것입니다.

그 후 물리학계는 모든 입자가 파동적 성질을 가진다는 결론에 도달합니다. 다만 전자처럼 작은 물질에서만 양자적 성질이 실험적으로 확인되었습니다. 풀러렌은 탄소 원자만 60개가 들어 있어 양자역학적 관점에서는 엄청나게 큰 입자입니다. 그런데 1999년 실험에서 이 풀러렌조차도 양자적 성질을 보이는 결과가 나온 것입니다. 이 실험으로 양자역학은 다시 한번 설득력 있는 이론임이 증명되었습니다.

풀러렌이 공 모양으로 만들어진 반면, 탄소나노튜브는 원통형으로 된 탄소 동소체입니다. 풀러렌과 마찬가지로 탄소나노튜브에서의 각 탄소 원자는 세 개의 손을 뻗어 주변 탄소 원자와 결합합니다. 탄소나노튜브는 현재까지 우리에게 알려진 물질 중 강도가 가장 높은 물질로 평가받습니다. 강도가 높지만 밀도는 낮기 때문에 가볍고 단단한 제품을 만들 때 유용할 것으로 기대하고 있습니다. 전기 전도성도 매우 좋아서 배터리에 사용하면 성능을 향상시킬 수 있다고 합니다.

그래핀이라는 탄소 동소체는 탄소나노튜브와 비슷하지만 전체 모양은 평면을 이룹니다. 우리에게 익숙한 흑연은 이러한 그래핀 층이 여러 개 쌓여서 만들어진 물질입니다. 다만 자연 상태에서는 그래핀처럼 단일 층으로 존재하기 어렵고 흑연의 형태로 여러 층을 이루어 존재합니다.

그래서 그래핀을 연구하려면 흑연에서 그래핀 단일 층을 분리해야 합니다. 여러 가지 최첨단 장비와 실험법이 동원되어 왔습니다. 그러던 중 한 연구 팀이 너무나도 간단하고 다소 허무한 방법을 발견합니다. 바로 스카치테이프를 쓰는 것이었습니다.

흑연 덩어리에 스카치테이프를 붙였다가 떼면 테이프에 흑연이 묻어나옵니다. 흑연이 묻은 테이프와 새 테이프를 다시 붙였다 떼면 흑연이 양쪽으로 다시 분리되지요. 이 과정을 반복하면 단일 층의 그래핀을 만들 수 있다고 합니다.

이 테이프 방법을 발견한 팀이 바로 2010년 노벨 물리학상 수상 팀입니다. 물론 이 방법만으로 노벨상을 받은 것은 아닙니다. 그들의 선구적인 연구와 더불어 이러한 독창적인 실험법이 인정을 받았던 것입니다. 복잡한 실험법으로 그래핀을 추출하려고 했던 김필립 교수가 이 간단한 방법을 보고 다소 허무했다고 밝힌 적도 있습니다.

1996년 노벨 화학상이 풀러렌 연구자들에게 수여되었고, 탄소나노튜브도 매년 노벨상 대상으로 이야기되었기 때문에 탄소 동소체의 막내 격인 그래핀의 수상도 예견할 수 있었습니다. 다만 2010년 당시 그래핀의 수상에 대해 다소 시기상조가 아닌가 하는 학계의 의견도 있었다고 합니다.

과학 관련 노벨상의 대상이 되는 영역은 크게 두 가지가 있습니다. 자연에 대한 근원적 질문에 답하는 연구가 첫 번째 영역이고, 인류 발전과 번영에 획기적으로 기여한 순수 연구가 두 번째 영역입니다. 탄소 동소체는 두 번째 영역에 어울리는 연구 분야인데 우리가 피부로 느낄 만큼 응용 분야가 다양하고 깊어지는 시기가 빨리 오기를 기대합니다.

## 5  전자공학의 종합 선물 세트, 전자기파

와이파이 신호, 라디오 전파, 자외선, 적외선, 가시광선. 이들의 공통점은 무엇일까요? 이 다양한 물리 현상은 사실 같은 종류의 현상이고 모습만 살짝 다른 형제 관계라고 할 수 있습니다. 전자기파라고 불리는 이들은 주파수만 다를 뿐 모두 전기장과 자기장의 상호 떨림으로 나타나는 현상입니다. 이 책 여러 부분에서 전자기파를 이용한 과학기술을 다루고 있는데, 그 배경지식을 알면 관련 내용을 더 재미있게 읽으실 수 있습니다.

자기장은 쉽게 상상할 수 있지요. 자석 주변에 자력이 미치는 공간이 존재하는데 그것을 자기장이라고 부릅니다. 만약 자기장이 진동하면 어떻게 될까요? 진동에 대해 먼저 알아보겠습니다.

### 파동이란

물 위에 돌을 하나 던지면 그 주변으로 물결이 퍼져나가죠. 이것을 파동이라고 부릅니다. 물결이 퍼져나가는 모습을 보는 대신 한 지점의 수면 높

그림 2-8  **파동의 진행**

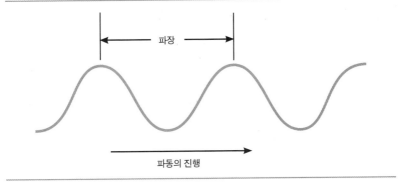

이를 들여다보면 아래위로 움직이는 것처럼 보입니다. 이렇게 진동은 어느 특정 위치에서 반복되는 움직임이 관찰되는 것으로, 범위를 넓혀서 보면 물결 모양의 파동이 퍼져나가는 것이 보입니다.

파동의 모습을 〈그림 2-8〉처럼 그려볼 수 있습니다. 고등학교 수학 시간에 배우는 삼각함수를 닮았습니다. 반복되는 이 패턴에서 산꼭대기부터 다음 꼭대기까지의 거리를 파장이라고 부릅니다. 이 파동이 만약 오른쪽으로 움직인다면 왼쪽 꼭대기가 오른쪽 꼭대기의 위치까지 도달하겠죠. 물론 원래의 오른쪽 꼭대기는 더 오른쪽으로 움직이니까 서로 만나지는 않습니다.

이렇게 한 꼭대기가 다음 꼭대기의 위치까지 도달하는 시간을 주기라고 부릅니다. 반복되는 운동에서는 주기를 쉽게 발견할 수 있습니다. 예컨대 지구가 태양 주위를 365일 만에 한 바퀴 도니까 지구 공전주기는 365일입니다.

주기를 이용하면 진동수를 알아낼 수 있습니다. 진동수는 일정 시간 동안 진동이 몇 번 발생하는지를 나타내는 물리량입니다. 라디오 방송을 듣다 보면 방송 주파수를 이야기해 줄 때가 있습니다. 몇 킬로헤르츠(KHz) 혹은 몇 메가헤르츠(MHz), 이런 식으로 말이죠. 이 주파수가 바로 진동수와 같은 것입니다. 헤르츠(Hz)는 1초에 진동한 횟수를 나타내는데, 이렇게 보면 전파들이 얼마나 빠른 진동인지 알 수 있습니다. 수십만 Hz에서 수십억 Hz까지도 가능하니까요.

## 전자기파도 파동의 일종

라디오, 티비, 휴대폰 등에서 사용하는 각종 전파부터 적외선, 가시광선, 방사선까지 모두 전자기파라는 공통점이 있고, 이것은 진동하는 전기장과 자기장이 만들어내는 물리 현상입니다.

사실 자기와 전기는 물리학적인 측면에서 보면 하나의 덩어리입니다. 전기가 있는 곳에는 자기장이 만들어지고 자기장이 변화하는 곳에는 전기가 유도됩니다. 전자기파는 자기장의 진동과 전기장의 진동이 서로가 서로를 유도하면서 공간으로 퍼져나가는 것입니다.

## 다양한 전자기파

그런데 이 전자기파의 주파수에 따라 매우 다른 현상이 발견됩니다. 〈그림 2-9〉에 보이는 자외선, X선, 감마선 등의 전자기파들은 잘 알려진 대로 생명체에게 위험할 수도 있습니다. 해당 주파수가 매우 높고 파장이 짧은 전자기파입니다. 비유하자면 매우 가늘고 뾰족한 바늘을 이용해(파장이 짧으므로) 엄청난 빈도로 찌르는(주파수가 높으므로) 상황과 유사합니다.

그림 2-9 **전자기파의 파장과 주파수**

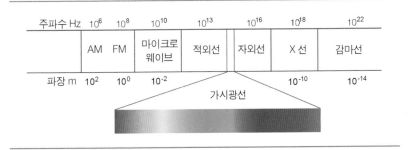

피부를 검게 만드는 자외선은 세 가지로 구분할 수 있습니다. 파장이 긴 것부터 UVA, UVB, UVC가 있는데 UVC는 인체에 위험하지만, 오존층에 대부분 막힙니다. UVB는 오존층에 막히기도 하지만 일부가 지상까지 도달하기도 합니다. 피부암과 화상을 유발하기 때문에 조심해야 하지만, 유리를 뚫지 못하는 약점도 있습니다. 우리가 받는 자외선 대부분은 파장이 긴 UVA로 피부를 그을리고 피부 노화를 촉진하기 때문에 차단제를 바르는 것이 좋습니다.

〈그림 2-9〉를 보면 왼쪽에는 비교적 생명체에 미치는 위험도가 낮은 전자기파들이 있습니다. 적외선은 눈에 보이지 않고 주로 열을 전달하는 역할을 합니다. 그래서 적외선 카메라를 이용하면 어두운 곳에서도 물체나 사람이 내뿜는 온도를 측정하여 영상을 찍을 수 있습니다. 적외선은 통신에도 쓰이고 TV 리모컨에도 쓰입니다.

적외선보다 약간 낮은 주파수 영역에 마이크로웨이브가 있습니다. 현대 사회에는 없어서는 안 될 무선 통신을 위한 전파가 여기에 모여 있습니다. 3G, LTE, 5G 등 여러 통신 표준은 각각 다른 주파수의 전파를 사용합니다.

통신 표준이 발전하면서 사용 주파수도 올라가고 있습니다. 이것은 고주파가 절대적으로 좋아서라기보다는 기존에 쓰지 않던 주파수를 찾아야 하기 때문입니다. 이름에서도 알 수 있듯이 이 영역의 주파수는 마이크로웨이브 오븐, 즉 전자레인지에 사용하는 전파의 주파수도 포함합니다. 전자레인지는 음식물 속의 물을 빠르게 진동시켜 그 진동에 의해 생긴 마찰로 음식물을 따뜻하게 만듭니다. 전자레인지에는 대략 2.4기가헤르츠(GHz)의 전파가 사용되는데 이 주파수가 물을 진동시키는 데 효과적이기 때문입니다. 이것은 1초에 24억 번 진동하는 파동이라는 뜻입니다. 엄청난 속도입니다.

한 가지 신기한 것은 와이파이나 블루투스 등의 통신에 쓰이는 주파수도 전자레인지와 비슷한 2.4GHz입니다. 통신용 전파는 전자레인지의 전자기파보다 전달하는 에너지가 매우 작기 때문에 안전성에는 크게 문제가 없다고 알려져 있습니다. 다만 전자레인지의 전자기파가 주변 무선 통신을 방해할 수 있다고 하니 전자레인지와 무선 통신 기기는 거리를 충분히 두는 것이 좋겠습니다.

마이크로웨이브의 파장은 약 1mm에서 수십 cm에 퍼져 있는데, 마이크로미터(μm)는 1mm의 1000분의 1이므로 마이크로웨이브라는 이름에는 약간 오해의 소지가 있습니다. 과거부터 널리 쓰인 라디오 전파의 파장보다 작다는 의미에서 마이크로라는 이름을 붙인 것뿐입니다.

라디오 전파 영역에는 조금 높은 주파수를 쓰는 FM과 조금 낮은 주파수의 AM 전파가 있습니다. AM 라디오는 음질은 탁월하지 않지만 수신은 잘되는 편이어서 따로 안테나가 없어도 됩니다. 하지만 FM 라디오는 안테나를 사용해야만 수신할 수 있습니다. 이는 파동의 성질 때문입니다.

## 파동의 회절이란

파동은 직진만 하는 것이 아니라 사방으로 퍼지는 성질이 있습니다. 창문이 살짝 열려 있어도 바깥소리가 잘 들리는 이유는 바로 소리라는 파동이 창문 틈을 지나면서 퍼지기 때문입니다. 이 현상을 회절이라고 하는데 회절의 크고 작음은 파동의 파장과 관련이 있습니다. 파장이 클수록 회절이 잘 일어나고 파장이 짧을수록 직진하려는 성질이 큽니다. 소리는 파장이 길어 회절이 잘 일어나고, 소리보다 파장이 짧은 빛은 퍼지지 않고 직진하는 특성을 보입니다.

AM 라디오가 사용하는 전파의 파장은 FM 라디오보다 깁니다. 즉, 회절이 더 잘 일어난다는 뜻입니다. AM 라디오 전파는 건물이나 복잡한 지형을 만나도 회절하여 잘 퍼져나갑니다. 반면 FM 라디오 전파는 상대적으로 잘 퍼져나가지 못하고 쉽게 막히기 때문에 안테나를 이용해 수신해야 합니다.

## 눈에 보이는 전자기파, 가시광선

이렇듯 수많은 다양한 전자기파 가운데 우리 눈에 보이는 것이 있는데, 바로 가시광선입니다. 다르게 표현하자면 우리가 사물을 볼 수 있게 도와주는 전자기파라고 할 수 있습니다. 380nm에서 740nm 사이의 파장을 가지고 있습니다. 태양에서 오는 가시광선은 흔히 백색광이라고 부르는데, 이 빛은 모든 다양한 색깔의 가시광선이 합쳐진 빛입니다. 사물 표면의 성질에 따라 특정한 색상의 빛만 반사하면 그 사물은 우리 눈에 그 특정 색으로 보입니다.

우리가 색을 인지하는 원리는 이렇습니다. 우리 눈에는 원추세포라고 불리는 색깔 감지 세포가 있습니다. 구체적으로는 세 가지가 있고, 각각 담당하는 영역이 다릅니다. L 원추세포는 파장이 긴 빨간색 영역을 담당하고, M 원추세포는 중간 파장인 녹색 영역을, S 원추세포는 짧은 파장의 색인 파란색을 담당합니다. 빛이 눈에 들어오면 세 종류의 원추세포가 자극받아 뉴런을 통해 전기적 신호를 뇌로 보냅니다. 뇌는 받은 신호를 해석해 색깔을 감지합니다. 이때 한 종류의 원추세포만 자극받는 경우는 거의 없습니다. 세 종류 모두 넓은 파장 영역에 걸쳐 자극을 받는데, 다만 빛의 파장에 따라 자극받는 정도에 차이가 납니다. 청록색만 따로 감지하는 원추 세포는 없지만, 청록색에 의해 M 원추세포와 S 원추세포가 반반씩 자극을 받습니다. 뇌는 이 두 종류의 세포가 보낸 비슷한 크기의 전기 신호를 통해 청록색이 눈에 들어왔다고 해석합니다. 노란색도 마찬가지입니다. L 원추세포와 M 원추세포가 같이 자극을 받으면 뇌는 그것을 노란색으로 인식합니다.

이 원리에 따라 TV나 컴퓨터 모니터, 스마트폰 화면의 컬러가 만들어집니다. 사실 컴퓨터 화면에는 노란색이 존재하지 않습니다. 각 화소에는 빨간색, 녹색, 파란색을 나타내는 발광 단위가 있고, 그 조합으로 해당 화소의 색을 표현합니다. 파란색은 꺼지고 빨간색과 녹색이 켜지면 우리 눈에는 마치 노란색으로 보입니다. 사실 물리적인 의미만 놓고 보면 우리의 뇌가 속는 것입니다. 실제 노란 물감에서 보이는 빛의 파장과 화면에서 보이는 노란빛의 파장은 완전히 다른 것입니다. 다른 방식으로 빛을 인지하는 생물에게는 노란색 물감과 모니터에 나오는 노란색 물감이 전혀 다르게 보일 것입니다.

## 빛의 산란이 주는 선물

하늘이 파란 것도 파장과 관련이 있습니다. 태양에서 지구로 오는 빛은 대기 중의 여러 가지 공기 입자와 충돌하게 됩니다. 이때 빛은 여러 방향으로 흩어지는데 이것을 산란이라고 부릅니다. 그런데 이 산란의 정도가 파장에 반비례합니다. 즉 파장이 짧은 파란색 계열의 빛은 하늘에서 많이 산란하지만 파장이 긴 붉은 계열은 대부분 공기층을 뚫고 지나가 버립니다. 그래서 하늘은 파란색으로 보입니다.

그렇다면 아침과 저녁에 하늘이 붉게 물드는 것은 왜일까요? 이것도 같은 원리인 산란 때문입니다. 지구가 둥글기 때문에 태양빛은 낮보다 아침과 저녁에 더 많은 공기를 통과해 우리에게 도달합니다. 이때 푸른 계열의 빛은 이미 대부분 산란해서 우리에게 도달하지 못하고, 적게 산란하여 우리에게 도달한 붉은 계열의 빛이 하늘을 물들여 여명과 노을을 보여줍니다.


## 6 보이지 않는 세상에서 일어나는 일

영화 〈맨 인 블랙〉에 이런 장면이 나옵니다. 주인공 윌 스미스는 외계인 담당 요원이 되는 자격시험을 치릅니다. 경쟁자들과 어두운 공간에 들어가 살짝살짝 보이는 무서운 외계인 그림을 공격하는데, 윌 스미스는 외계인 그림은 그냥 두고 책 두 권을 들고 있는 아이 그림을 공격합니다. 교관에게 설명하기를 그 아이가 들고 있던 책이 상대성이론과 양자역학이었는데 아이가 그 책들을 볼 이유가 전혀 없으니 아이 모습을 한 위험한 외계인일 거라는 거죠.

상대성이론과 양자역학은 난해하기 그지없는 물리학 주제입니다. 게다가 고전역학에 비하면 양자역학은 일상생활에 쓰이는 일이 많지 않아서 생소하기도 합니다. 하지만 자연과 우주를 완벽하게 이해하고자 했던 20세기 초 과학자들의 열정이 고스란히 담겨 있는 학문이기도 합니다.

## 20세기의 4번 타자, 아인슈타인

20세기의 과학자 중 딱 한 명을 고르라면 저를 포함하여 많은 사람들이 주저 없이 아인슈타인을 고를 것입니다. 그만큼 그가 과학에 남긴 업적도 대단하고 관련된 이야기도 많습니다. 상대성이론을 직접 만들었으며, 평생 양자역학에 의문을 품고 건설적인 논쟁을 주도하면서 역설적으로 양자역학을 더 유명하고 견고하게 만들었습니다.

〈그림 2-10〉은 솔베이 회의 사진입니다. 솔베이 회의는 벨기에의 기업가 에르네스트 솔베이(Ernest Solvay)의 후원으로 당대에 내로라하는 물리학자와 화학자들이 모여 중요한 미해결 문제를 놓고 토론을 벌이는 학술회의입니다. 사진은 1927년 5차 솔베이 회의에 참석한 과학자들이 기념으로 찍은 것입니다. 이 중 대부분이 물리 교과서에 실려 있고, 절반 이상이 노벨상 수상자이기도 합니다. 중앙에 있는 아인슈타인을 비롯해 마리 퀴리(Marie Curie), 에르빈 슈뢰딩거(Erwin Schrödinger), 베르너 하이젠베르크(Werner Heisenberg), 닐스 보어(Niels Bohr), 루이 드브로이(Louis de Broglie)

그림 2-10  **1927년 솔베이 회의**

등이 있습니다.

당시 물리학계 초미의 관심사는 극히 작은 물질세계의 작동 원리였습니다. $F = ma$로 대표되는 뉴턴의 고전역학은 우리가 눈으로 볼 수 있는 세계, 즉 거시 세계를 설명하는 데는 거의 완벽했고 유용했습니다. 중력 때문에 사과가 떨어지고, 공을 던지면 날아가는 등의 운동을 이해할 수 있는 틀이 바로 고전역학입니다.

이 고전역학의 틀에 균열을 일으킨 사람이 아인슈타인입니다. 우리가 느끼는 대로 공간과 시간이 균질하다고 생각하고 만든 것이 고전역학인데, 일상생활에서는 이 생각을 고칠 필요가 없습니다. 모든 운동이 빛보다 매우 느리기 때문이죠. 아인슈타인은 물체의 속도가 빛의 속도에 근접하면 어떻게 될지를 상대성이론을 통해 밝혀냈습니다. 결론적으로 공간도 시간도 균질하지 않고 줄어들거나 늘어날 수 있다고 했습니다. 사실 뉴턴의 고전역학과 아인슈타인의 상대성이론은 서로 모순되지 않습니다. 상대성이론이 특수한 경우를 포함해 우주의 운동을 설명하기 때문에 마치 고전역학을 뒤집는 것처럼 보일 뿐입니다.

## 양자역학의 탄생과 발전

20세기 초, 눈에 보이는 물질세계를 미세하게 분해하여 최소 단위인 원자와 전자까지 발견한 당시 과학자들은 이 미시 세계가 어떻게 움직이는지 궁금했습니다.

그보다 앞서 빛이 입자인가 파동인가에 대한 오랜 논쟁이 있었는데, 논쟁이 길어진 이유는 상충하리라고 생각한 빛의 두 가지 성질이 모두 실험적으로 확인되었기 때문입니다. 현대 과학은 빛이 입자인 동시에 파동이라는 결론을 내렸습니다. 원자 단위의 미시 세계도 비슷한 양상으로 전개되었습니다.

과학자 보어와 하이젠베르크는 뜻을 같이한 여러 과학자들과 함께 '코펜하겐 해석'이라고 불리는, 양자역학에 대한 가장 의미 있는 해석을 만들어냅니다. 전자처럼 매우 작은 물질의 상태를 기술하려면 확률적으로 겹쳐 있는 파동 함수를 사용해야 한다는 해석입니다. 더구나 그 물질을 측정하고 나면 확률적 요소가 사라지고 하나의 상태로 정해진다고 했습니다. 단순화하면 이렇습니다. 전자가 어디에 있는지 측정하기 전에는 확률적 위치만 존재하고, 측정하고 나면 그 위치가 정해진다는 뜻입니다. 이런 해석이 도출된 배경에는 유명한 이중 슬릿 실험이 있습니다.

## 두 개의 틈으로 빛과 전자를 쏘다

이중 슬릿 실험은 파동의 성질을 확인할 때 많이 사용합니다. 〈그림 2-11〉처럼 왼쪽에서 오른쪽으로 빛이 움직입니다. 빛은 벽에 있는 슬릿이라고 불리는 두 개의 작은 틈을 통과합니다. 만약 빛이 날아가는 공처럼 입자의 성질만 가지고 있다면 오른쪽 스크린에는 밝은 선이 딱 두 줄만 나타날 것입니다. 하지만 빛은 슬릿을 지나면서 회절하고 두 슬릿에서 나오는 회절된 빛이 서로 간섭해 오른쪽 스크린에는 간섭무늬가 나타납니다. 빛의 파동적 성질을 확인할 수 있는 실험입니다.

1927년, 과학자 클린턴 데이비슨(Clinton Davisson)과 레스터 거머(Lester Germer)는 전자로 이중 슬릿 실험을 했습니다. 전자는 입자로서 무게도 있고, 자석으로 운동 궤적을 조절할 수도 있기 때문에 빛보다 훨씬 입자에 가까운 듯 보였습니다. 따라서 이중 슬릿 실험에서 두 줄의 영상이 나타나리라 예상했습니다. 그런데 놀랍게도 이 실험에서도 간섭무늬가 나타났습니다. 확실하게 입자로 보이는 전자를 쏘았는데 이중 슬릿을 통과하면서 파동처럼 움직인 것입니다.

그래서 이번에는 전자를 하나씩 따로따로 쏘아보았습니다. 그랬더니 쏠 때마다 스크린에는 전자 표시가 하나씩 생겼습니다. 전자를 계속 하나씩 쏘아 스크린의 전자 표시를 모아보니 간섭무늬가 되었습니다. 당시 과학지식으로는 설명할 수 없는 일이 일어난 것입니다. 여러 개의 공을 틈이 두 개인 벽으로 하나씩 던졌다고 상상해 보세요. 두 개의 틈 중 하나를 통과한 공은 그 틈의 뒤에 자국을 남길 것입니다. 많은 공을 순차적으로 던지면 공자국은 두 줄만 나타나겠죠. 그런데 전자는 다르게 움직인 것입니다.

그림 2-11　**이중 슬릿 실험**

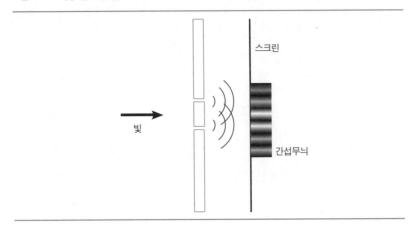

　여러 가지 변형된 실험이 뒤를 이어 진행되었습니다. 이번에는 전자 탐지기를 사용해서 전자가 어느 슬릿을 통과하는지 하나하나 측정했습니다. 그랬더니 놀랍게도 간섭무늬가 사라지고 전자 자국 두 줄만 스크린에 나타났습니다. 여기서 전자를 측정한다는 것은 우리가 날아가는 공을 쳐다보는 것과 다릅니다. 만약 우리가 눈을 감고 촉감으로만 공을 탐지할 수 있다면 날아가는 공을 만질 때 공의 궤적에 방해를 줄 수밖에 없습니다. 마찬가지로 전자를 탐지할 때 사용하는 전자 측정기는 전자의 움직임과 상태에 비록 미세하지만 무시할 수 없는 변화를 줍니다. 전자의 움직임에 변화를 주는 상호작용을 이용해야만 전자가 측정되기 때문입니다. 이중 슬릿 실험에서 전자를 측정하면 교란이 일어나 파동적 성질이 사라집니다.

　아인슈타인은 코펜하겐 해석의 확률적 접근을 싫어했습니다. 5차 솔베이 회의는 솔베이 전쟁이라 불릴 정도로 열띤 토론으로도 유명한데요, 코펜하겐 해석을 내놓은 보어와 그 해석에 반대한 아인슈타인은 회의 내내 공방을 벌여 결과적으로 양자역학을 더 단단하고 구체적인 이론으로 만들었습니다.

그들이 주고받은 유명한 대화 내용입니다.

> 아인슈타인: (닐스 보어의 확률적 해석을 반대하며) 신은 주사위 놀이를
> 하지 않는다네.
> 닐스 보어: 신에게 이래라저래라 하지 말게나.

보어를 필두로 한 과학자 그룹이 주장한 코펜하겐 해석은 한마디로 미시 세계는 확률적으로 해석할 수밖에 없으며, 더 놀라운 것은 미시 세계를 어떤 방식으로든 측정하게 되면 확률적 특성이 사라진다는 주장이었습니다. 한발 더 나아가 측정하기 전에는 여러 가지 상태가 동시에 존재한다고 주장했습니다. 이 개념은 아인슈타인조차도 쉽게 받아들이기 어려운 독특한 접근법이었습니다. 측정하느냐 마느냐에 따라 대상의 상태가 달라진다는 개념은 쉽게 이해하기 어렵죠. 아인슈타인은 반박하며 이렇게 말했습니다.

"우리가 달을 보지 않는다고 해서 그곳에 달이 존재하지 않는가?"

### 세상에서 제일 유명한 고양이

아인슈타인과 비슷하게 코펜하겐 해석을 못마땅해하던 슈뢰딩거는 유명한 슈뢰딩거의 고양이를 이용해 양자역학을 공격했습니다. 슈뢰딩거 고양이는 생각으로 해보는 가상의 실험에 등장하는 고양이입니다. 상자 안에 고양이와 독극물이 담긴 병이 있습니다. 또 우라늄 입자와 우라늄 입자

의 붕괴를 측정할 수 있는 장치가 있고, 만약 우라늄 입자가 붕괴하면 독극물 병이 깨지도록 만들어놓았습니다.

우라늄 입자의 붕괴는 양자역학적으로 결정되는 것이어서 관측하기 전에는 '붕괴했다'와 '붕괴하지 않았다'를 확정할 수 없고, 관측하는 즉시 둘 중 하나로 결정됩니다. 슈뢰딩거는 이 가상 실험을 이용해서 다음과 같이 양자역학의 논리적 모호성을 공격합니다.

"관측하지 않아서 결정되지 않았다는 말이 맞는다면, 우리가 상자를 열어 고양이를 보기 전까지는 고양이의 생사는 결정되지 않았다는 것인데 이것은 말이 안 된다. 왜냐면 고양이는 살아 있거나 죽어 있거나 둘 중 하나이기 때문이다."

이 가상 실험은 꽤 중요한데요, 우라늄 붕괴라는 양자역학적 미시 세계와 고양이의 생존이라는 고전역학적 거시 세계를 연결했기 때문입니다. 슈뢰딩거는 양자역학을 공격하기 위해 이 고양이 가상 실험을 이용했지만 역설적으로 양자역학을 이해하는 데 큰 도움을 주는 가상 실험이 되었습니다.

## 아인슈타인의 카운터펀치, 보어의 끈질긴 방어

이러한 논쟁은 오래 지속되었습니다. 논쟁 초반에 보어는 아인슈타인의 공격을 매우 적극적으로 방어했기 때문에 아인슈타인도 자존심을 꽤 구긴 상황이 되었습니다. 그러던 중 1935년에 아인슈타인은 보리스 포돌스키(Boris Podolsky), 네이선 로즌(Nathan Rosen)과 함께 논문을 발표하는데 이것이 그 유명한 EPR 논문입니다. 세 사람 이름의 첫 글자를 따서 붙인 이름입니다.

'물리적 실재에 대한 양자역학적 설명은 완전할 수 있는가?'라는 매우 직설적이고 공격적인 제목도 붙였습니다. 앞에서 말한 것처럼 달은 이미 실재하고 있는데 내가 안 본다고 해서 존재를 부정하는 양자역학적 해석은 틀렸다는 것을 말하고 싶었던 것이지요.

단순화해 본다면 EPR 논문의 핵심 주장은 두 가지입니다. 첫째, 양자역학적 해석이 존재하기 이전에 이미 물리적 실재(예를 들면 전자의 위치나 운동 속도 등)가 있는데 그것을 정확히 밝혀낼 수 없다면 그것은 접근 방법이 잘못된 것이라는 주장입니다. 또 하나는 측정이 대상을 교란하지 않는 경우를 제시하여 양자역학을 공격했습니다.

이 두 번째 논증은 후대 과학자 데이비드 봄(David Bohm)이 양자의 스핀 개념을 이용해 각색한 이야기가 더 유명합니다. 설명을 단순화하기 위해 서로 반대 방향으로 돌고 있는 공 두 개를 생각해 봅시다. 이제 두 공을 수만 광년 간격으로 분리합니다. 그리고 하나의 공이 어느 방향으로 도는지 측정합니다. 만약 이 공이 왼쪽으로 돌고 있다면 멀리 있는 나머지 공은 오른쪽으로 돌고 있다는 것을 알게 됩니다. 멀리 있는 나머지 공을 관찰하지도 않았는데 회전 방향을 알게 되었으니 측정 혹은 관찰이 상태를 결정한다는 양자역학 해석이 틀린 것처럼 보입니다.

여기에는 실재성과 국소성이라는 큰 전제가 있는데요, EPR 논문은 이미 물리적 존재성, 상태 등이 결정되어 있다고 가정하고 논리를 전개했습니다. 그리고 앞에서 말한 예처럼 하나의 공을 측정하는 행위는 그 공에만 영향을 준다는 국소성도 전제되어 있죠.

EPR 논문을 다시 반박하는 논문에서 보어는 이 실재성을 문제 삼았습니다. 양자의 세계에서는 정해져 있지 않고 여러 가지 상태가 중첩되어 있을 수 있다고 했습니다. 앞에서 예를 든 회전하는 공도 사실은 회전 방향이 이미 결정된 것으로 가정하고 시작했기 때문에 양자역학적 세계를 옳게 보여주는 것이 아닙니다. 양쪽의 싸움은 보어와 아인슈타인이 죽을 때까지도 명확하게 결론을 내지 못했습니다. 그들이 죽고 1980년대가 되어서야 실험적으로 여러 가지 가정들의 옳고 그름이 가려지면서 닐스 보어의 판정승으로 끝이 납니다. 우주가 비국소적 성질을 가졌다는 것, 즉 우주 전체가 연결되어 있다는 것까지 수식과 실험으로 밝혀졌습니다.

## 보어의 승리 뒤에는 아인슈타인의 공로가 있다

간단히 말하면 아인슈타인의 달도, 슈뢰딩거의 고양이도 모두 관측하기 전에는 여러 상태가 동시에 존재할 수 있다고 합니다. 다만 여기서 관측이라는 것은 관측 대상이 외부와 상호작용을 한다는 것을 전제합니다. 대상과 외부가 상호작용을 해야만 관측할 수 있기 때문입니다.

우리가 눈으로 물체를 볼 수 있는 것은 빛이 물체에 닿아 반사되기 때문입니다. 광자라는 입자가 물체에 부딪치고 반사되어 우리 눈에 들어와야만 볼 수 있습니다. 물체와 광자의 물리적 상호작용이 있어야 하는 것이죠. 보고 싶은 물체가 매우 작은 입자라면 광자에 부딪혀서 튕겨 나갈 수도 있습니다. 앞에서 말한 전자 측정기를 포함한 다양한 측정 장비들은 관찰 대상과의 물리적 상호작용을 기반으로 작동합니다.

이렇게 상호작용을 하기 전에는 모든 것이 양자역학적 특성을 가질 수 있다는 것이 현대 양자역학 해석의 결론입니다. 달이 빛도 전혀 받지 않고 열에너지도 외부와 주고받지 않는 등 외부와 절대적인 단절 상태를 유지한다면 달의 존재도 확률적으로만 기술할 수 있어서 존재와 부존재가 겹쳐진 상태일 수 있습니다. 다만 현실적으로 거시 세계의 물체는 그런 조건을 만족하기 어렵기 때문에 달의 존재 여부는 확률을 쓰지 않고도 확정적으로 기술할 수 있습니다.

아인슈타인의 주장 중에 틀린 것이 있었다는 점이 다소 놀랍긴 하지만, 결과적으로 그는 보어와 토론하고 꾸준히 논쟁하며 양자역학이 더 정교하고 탄탄해지는 데 기여했습니다. 논리와 논증을 통해 새로운 지식을 만들어내는 과정이야말로 과학자들이 가진 즐거운 특권이겠지요.

## 7 수학이라는 이름의 멋진 안경

국가와 지역을 막론하고 학교 안팎에서 수학의 중요성을 매우 강조하고 있고, 학교나 단체들도 학생들이 수학과 친해질 수 있는 다양한 기회를 제공하려 노력하고 있습니다. 왜 그럴까요? 왜 우리는 수학이 중요하다고 여길까요?

대학 입시에 도움이 된다는 것도 이유 중 하나일 수 있지만, 더 근본적이고 중요한 이유가 있습니다. 한마디로 정의할 수는 없지만 우리가 수학을 강조하는 이유, 더 나아가 수학을 배워야 하는 이유를 생각해 봅시다.

유치원에서부터 중학교 때까지 배우는 수학은 대부분 우리가 한평생 살아가는 데 매우 유용한 도구가 됩니다. 물건값을 계산하거나 아이들에게 사탕을 균등하게 나눠줄 때 등 사칙 연산은 평생 유용하게 쓰입니다. 또 금융상품을 비교해 선택할 때는 복리 정도는 계산할 수 있어야 합니다.

중등 과정 이후의 수학은 사실 한평생 살면서 실제로 사용하는 일이 없을 수도 있습니다. 혹시 최근 1년 사이, 실생활에 절실히 필요해서 함수를 미분해 보신 적 있으신가요? 농담 삼아 말씀드렸지만 수학이나 공학 관련 직업을 가진 분이 아니라면 함수를 미분해 본 기억이 아련할 것입니다.

## 수학의 기원

지금 우리가 배우고 가르치는 수학의 기원은 아주 오래전 고대 그리스의 철학적 사유와 연결되어 있습니다. 수학, 철학, 과학, 정치, 건축 등 여러 분야가 명확하게 구분되지 않았던 시절이었습니다. 당시 유럽 철학자들은 우주 만물을 관장하는 근원적 원리가 무엇인지 궁금해했습니다. 우리가 감각기관으로 감지하는 모든 대상은 항상 변화하며 영원하지 않다는 데서 출발한 질문입니다. 항상 변화하는 우주 만물을 이해해야만 인간이 품은 자연에 대한 공포를 극복할 수 있기 때문입니다.

필자가 사는 북텍사스 지역은 이따금 몰아닥치는 집중 호우와 우박으로 정신적·물질적 피해를 입습니다. 여름마다 태풍을 겪는 한국도 마찬가지입니다. 그렇다고 그러한 자연 현상을 막연히 두려워하지는 않습니다. 미리 대비하여 보험도 들어놓고, 피해 위치와 강도를 예측할 수도 있으니까요. 날씨를 예측할 수 없던 시절에는 이러한 악천후가 엄청난 두려움의 대상이었을 것입니다.

옛날 유럽 사람들은 우주를 관장하는 영원불변의 원리를 추구해 왔고, 이것을 아르케(arche)라고 불렀습니다. 이렇게 찾은 본질적인 것 중 하나가 바로 수학입니다. 하나에 하나를 더하면 둘이 된다는 것은 너무나도 당연하지만, 이 우주가 그렇게 작동하도록 만들어져 있다는 것을 수학을 통해 발견했다고도 볼 수 있습니다. 우주에 있는 수에 관련된 원리들을 발견하여 모아둔 것이 수학입니다. 우리는 수학이라는 유리창을 통해 우리의 삶과 우주를 다시 관찰하게 됩니다.

우주의 작동 원리를 연구하는 것이 물리학인데, 대부분의 물리학 이론이 수학으로 기술되어 있습니다. 자연을 관찰하고, 가설을 세워 실험하고, 그다음 이론을 만들고, 수학으로 뒷받침합니다. 때로는 순서가 바뀌는 경우도 있습니다. 과학자 마이클 패러데이(Michael Faraday)는 전기장과 자기장을 실험적으로 깊이 연구한 학자입니다. 그 연구를 수학적으로 집대성한 사람이 제임스 맥스웰(James Maxwell)인데 그가 1864년에 발표한 맥스웰 방정식은 오늘날 전자기학, 즉 전기·자기·전파·빛 등을 논할 때 그 출발점이 되는 방정식입니다. 맥스웰의 방정식에서 빛을 포함한 전자기파의 속도는 일정한 상숫값으로 도출됩니다. 맥스웰이 상수로 가정하거나 임의로 넣은 것이 아니라 반드시 상수이어야 한다는 것을 수학적으로 발견한 것입니다. 심지어는 빛을 쏘는 광원이 움직이더라도 말이죠. 빛의 속도를 측정하기도 버겁던 시절에 수학만으로 빛의 속도를 알아냈으니 큰 업적이라 할 만합니다. 이러한 수학적 결과가 아인슈타인이 만든 상대성이론의 씨앗이 되었습니다.

## 수학은 언어다

우리는 생각을 할 때 마음속으로 언어를 사용합니다. 언어는 단순한 의사소통 수단을 넘어서서 사유의 도구가 됩니다. 언어가 제한적이면 생각도 제한됩니다. 이런 관점에서 수학도 일종의 언어적 기능을 합니다. 단순한 사칙 연산뿐만 아니라 고도의 논리적·수리적 사고를 수학에서 배우면, 그러한 수학적 언어를 사용하여 더 폭넓고 유용한 사고를 할 수 있게 됩니다.

수학은 보편적이라는 점에서 매우 특별합니다. 적어도 우리가 속해 있는 우주 어디를 가도 1 더하기 1은 2입니다. 인문학적 언어는 나라마다 다르고 민족마다 다를 수 있지만, 지구상 문명국가의 모든 사람은 같은 수학을 배우고 가르칩니다. 인류가 발견해 낸 엄청난 도구입니다.

한국을 포함한 여러 아시아 국가들은 긴 역사에도 불구하고 서양의 수학에 견줄 만한 수학 체계를 자체적으로 만들어내지는 못했습니다. 그러나 수학이라는 도구의 보편성 덕분에 역사나 문화와 관계없이 일정 수준의 수학을 익히고 사용하는 것에는 문제가 없습니다.


## 일상에서 만나는 수학

만약 식당 창업을 계획하고 있다면 해당 지역 외식 사업의 규모와 예상 수익 등을 알아봐야 합니다. 이는 수학적·논리적 추론만으로도 쉽게 추정할 수 있습니다. 지역의 인구수, 평균적인 외식 빈도, 지역의 식당 수만 알면 사칙 연산만으로 추정이 가능합니다.

복권 당첨 확률이 몇백만 분의 1이라는 것은 몇백만 번 정도 시도하면 한 번 정도 당첨될 수도 있다는 뜻입니다. 수학을 정확히 이해한다면 사실

복권은 당첨을 기대하기보다는 가볍게 즐기는 게임이 되어야 합니다.

불법 다단계 업종도 수학적으로만 보면 불합리성을 간단히 알아챌 수 있습니다. 가시적인 부가가치의 창출 없이 끊임없이 돈을 벌 수 있다는 것은, 비정상적으로 비용을 지불하는 누군가가 다단계의 최하층으로 계속 유입되어야 한다는 것을 가정하고 있습니다. 지속 불가능한 일이죠. 1 더하기 1은 3이 될 수 없으니까요.

수학이 단순히 숫자를 다루는 능력만을 키워주는 것은 아닙니다. 감각의 한계를 극복하고 논리적으로 사고하는 틀을 만들어줍니다. 가게 계산대 앞에 줄을 서 있으면 왠지 모르게 내가 서 있는 줄만 천천히 줄어드는 것 같습니다. 이것은 현상을 감지하는 나에게서 벗어나 전체의 모습을 상상하면 이해할 수 있습니다. 계산대가 다섯 개 열려 있고 우리는 그중 하나의 계산대 앞에 줄 서 있다고 상상해 봅시다. 각 계산대에서 1분에 한 명씩 계산을 마친다고 가정합니다. 우리가 서 있는 줄을 제외한 네 개의 계산대에서 평균적으로 1분에 네 명씩 계산을 끝냅니다. 즉, 대략 15초마다 한 명씩 계산을 마칩니다. 우리가 서 있는 줄에서는 1분에 한 명씩 계산을 끝내는데, 옆 계산대들을 보니 15초에 한 명씩 줄어듭니다. 알아채셨겠지만 이것은 착시입니다. 우리가 서 있는 계산대와 그 외의 다른 모든 계산대를 이등분해서 관찰하기 때문에 생기는 오류입니다.

비슷한 예로 '엄친아 모순'을 생각해 볼 수 있습니다. 학벌이나 직장 등 여러 조건을 갖춰 부러움의 대상이 되는 다른 집 자녀 이야기는 들을 때마다 열등감을 불러일으키죠. 이 세상에는 왜 이렇게 엄친아가 많을까요? 사실 우리는 누군가에게는 한 번쯤 엄친아가 됩니다. 자주는 아니더라도 주변의 부러움을 살 만한 일이 일어났다면 그 일은 다른 집에 알려져 엄친아가 되는 것이죠. 모든 사람이 2년에 딱 한 번 주변에 자랑할 만한 일이 생긴다고 가정해 봅시다. 그리고 친하지는 않더라도 인사 정도 하거나 소문을 통해 소식을 주고받을 수 있을 만한 사람이 700명 정도 있다고 가정합시다. 사실 큰 숫자가 아닙니다. 학생이라면 학교에 수백 명의 학생들이 있고 동창회, 동호회를 나가도 수십 명은 있으니까요. 700명이 2년에 딱 하루씩만 자랑할 일이 생겨도 2년 내내 하루에 한 명은 자랑할 일이 있는 것입니다. 매일 엄친아 소식을 들을 수 있는 것이죠. 엄친아가 많은 것은 주변에 특출 난 사람이 많아서가 아니라 그만큼 소문이 잘 전달되고 있다는 뜻입니다.

확률도 일상생활에서 유용한 도구가 됩니다. 이 책에 확률을 다루는 부분을 따로 넣기도 했지만, 거기서 깊이 다루지 않은 독립 사건의 의미에 대해 이야기해 보겠습니다. 확률에서 독립 사건이란 연속적으로 어떤 사건이 발생할 때 그 확률이 이전 사건의 발생과 무관한 것을 의미합니다. 예를 들면 동전을 던져 앞이 나올 확률과 그 뒤에 주사위를 던져 2가 나올 확률은 서로 아무런 관련이 없으므로 독립 사건입니다. 이렇게 다른 종류의 사건은 독립 사건임이 분명하여 이해하기 쉽습니다. 그런데 동전을 계속 던지는 경우에는 혼동할 수 있습니다. 예를 들어 동전을 세 번 던져서 모두 앞이 나왔습니다. 이제 네 번째 던지려고 하는데 앞이 나올 확률이 얼마일까요? 2분의 1일까요? 직관적으로는 왠지 2분의 1보다 낮을 것 같습니다. 왜냐면 이미 세 번 연속으로 앞이 나왔거든요. 그렇다면 네 번째 동전 던지기를 지금 하지 않고 동전을 그대로 보관했다가 1년 뒤에 하면 어떨까요? 1년 전에 연속 세 번 앞이 나온 동전이니까 다시 앞이 나올 확률이 절반 이

하일까요?

　인위적인 조작이 없다면 동전의 앞이 나올 확률은 언제나 2분의 1입니다. 하지만 비슷한 상황에서 우리의 직관이 자주 다른 소리를 속삭입니다. 로또 번호를 알려준다는 사기성이 짙은 웹 사이트를 보면 이전에 나온 숫자들을 분석해 새로운 숫자 조합을 알려준다고 합니다. 독립 사건의 개념을 전혀 이해하지 못한 것입니다. 이번 주 로또 번호는 과거의 로또 번호와 전혀 관련이 없습니다.

　수학을 알면 평균의 함정에 빠지는 일도 방지할 수 있습니다. 한국의 1인당 국민 연소득이 2017년에 3만 달러에 진입했습니다. 1년간 우리가 국내외에서 벌어들인 총소득을 인구수로 나눈 것입니다. 분배 정의나 사회 안전망 등에 관한 논의는 배제하고 수학적인 부분만 봅시다. 우리가 가지기 쉬운 첫 번째 오해는 평균 3만 달러와 자신의 현재 연봉을 직접 비교하는 데서 시작됩니다. 평균이라는 대푯값 속에 무엇이 들어 있는지 알아야 합니다. 국민소득에는 근로소득 이외에도 이자소득이나 배당소득과 같은 금융소득도 포함되므로 우리가 받은 근로소득과 1인당 국민소득을 직접 비교하는 것은 무리가 있습니다. 또 평균값은 분포에 관한 정보를 보여주지 않습니다. 같은 평균값이라 하더라도 개별 수치가 서로 조밀하게 분포되어 있는지 혹은 멀리 떨어져 있는지에 따라 해석이 달라집니다. 예를 들어 대부분이 저소득이어도 극소수의 사람들이 초고소득을 얻는다면 대중이 느끼는 평균과 숫자로 계산되는 평균 사이에는 괴리가 생깁니다.

　1인당 국민소득과 관련해 더 재미있는 오해가 있습니다. 나이를 불문하고 모든 국민이 평균 3만 달러를 번다는 뜻으로 해석하여 4인 가족의 소득이 12만 달러가 되지 않으면 평균에 미치지 못했다고 오해하기 쉽습니다. 통계학에서 말하는 에르고딕 성질(ergodicity)을 이용하면 이 오해를 풀 수 있습니다. 에르고딕 성질이란 특정 시점의 통계적 평균이 시간적 평균과 같아진다는 뜻입니다.

예를 들어 동전 1만 개를 동시에 던지면 앞뒤가 약 1 대 1의 비율로 나올 것입니다. 하나의 동전을 한 번씩 1만 번 던져도 앞뒤 비율은 비슷하게 나오겠죠. 이것이 에르고딕 성질입니다. 소득 평균에 적용해 봅시다. 시간이 흐르면 승진도 하고 근무 경험이 늘어나니, 시간에 따라 근로소득도 조금씩 오른다고 가정합시다. 같은 이유로 현재 근무 경험이 많은 누군가는 사회 초년생보다 연봉이 높겠죠. 올해라는 특정 시간을 기준으로 한 통계적 평균이 1인당 국민소득입니다. 만약 한 개인의 출생부터 사망까지의 소득을 전부 모아 사망 때의 나이로 나누면 어떻게 될까요? 이것이 바로 시간적 평균이고 에르고딕 성질에 의하여 1인당 국민소득과 비슷한 값을 보여줄 것입니다. 따라서 4인 가족을 이룬 젊은 부부가 가정의 총소득이 1인당 국민소득의 네 배가 되지 않는다고 낙담할 필요는 없습니다. 20년 뒤 금융 소득이 생기고 자녀들도 직업을 갖게 되면 이 4인 가족의 총수입은 평균 이상일 가능성이 높으니까요. 이렇게 평균을 해석하고 적용할 때는 주의를 기울일 필요가 있습니다.

수학이라는 도구가 우리에게 세상을 보는 유용한 안경이 되었으면 좋겠습니다.

# 03

## 과학으로 보는 세상

# 1 산업혁명이 벌써 네 번째라고요?

2017년부터 사회 전반에서 급격히 사용 빈도가 늘어난 용어가 있습니다. 바로 4차 산업혁명입니다. 2000년대 초반까지도 산업혁명을 1차, 2차, 3차로 구분하는 일은 드물었습니다. 일반적으로 산업혁명 하면 19세기 무렵 영국과 유럽에서 있었던 산업 전반의 생산 공정 혁신을 떠올립니다. 단계별 산업혁명으로 따지면 1차와 2차 산업혁명에 해당합니다. 그러면 3차 산업혁명과 요즘 큰 화두가 된 4차 산업혁명은 무엇일까요?

## 산업혁명의 역사

영국에서 일어난 1차 산업혁명의 핵심은 제조 공정의 비약적 발전입니다. 중기기관이나 방적기 등 새로운 생산 기계가 발명되면서 수공업 위주의 산업 체계가 반자동화, 기계화되었습니다. 1차 산업혁명은 산업자본을 축적하게 했고, 19세기까지 이어져 오던 유럽 사회의 신분 구조를 뒤흔들었습니다. 가문의 정통성으로 유지되던 왕족과 귀족 계급이 붕괴되고 자본을 기반으로 한 신흥 부르주아 계급이 사회의 주축이 됩니다.

2차 산업혁명은 19세기 말 유럽 본토, 특히 독일을 중심으로 일어납니다. 핵심에는 다양한 기술혁신이 자리 잡고 있습니다. 전기, 모터, 내연 기관, 라디오 등 현재 우리가 누리는 기술 대부분이 이 시기에 시작되었습니다. 자동화 공정을 기반으로 한 대량 생산이 시작되는 것도 이 시기입니다.

3차 산업혁명은 20세기 중반부터 시작된 디지털과 정보화 시대를 일컫습니다. 컴퓨터 기술로 집약되는 3차 산업혁명을 주도한 국가는 미국입니다. 최초의 컴퓨터 에니악(ENIAC)을 미국 펜실베이니아 대학교에서 만들었고, 개인용 컴퓨터의 개발과 보급에도 미국 회사인 IBM과 애플이 큰 역할을 했습니다.

1차와 2차 산업혁명이 하드웨어 중심의 기술 발전에 초점을 맞춘 데 반해 3차 산업혁명은 산업 구조를 소프트웨어 중심으로 바꾸어놓았습니다. 요즘 세계에서 영향력이 큰 기업들을 떠올려 보면 금세 이해가 됩니다. 구글, 애플, 아마존 등 많은 기업이 정보를 생산하고 가공하고 전달하는 방식에서 혁신을 이루었거나 혹은 그런 혁신을 돕는 재화와 서비스를 제공하는 기업들입니다. 한 가지 중요한 점은 1차, 2차 산업혁명이 가져다준 물질적 토대 없이는 이러한 정보화 사회의 출현이 불가능했을 거라는 점입니다. 반도체의 대량 생산이 컴퓨터를 가능하게 했고, 다양한 물품을 저렴한 비용으로 대량 생산할 수 있는 시대가 되었기 때문에 아마존 같은 기업이 나올 수 있었습니다. 아마존을 단순히 온라인에서 물건을 파는 업체로 생각하면 오해입니다. 아마존은 영업 이익의 60% 이상을 AWS(Amazon Web Services)라는 클라우드 서비스, 즉 인터넷 환경에서 저장 공간을 대여해 주는 일로 벌어들입니다.

우리가 컴퓨터로 대표되는 3차 산업혁명 세대임을 확인할 수 있는 사건이 1999년에 있었습니다. Y2K 문제를 기억하시는지요? 1900년대 중후반에 만들어진 컴퓨터 프로그램들이 연도 정보를 다룰 때 마지막 두 자리만 사용하는 경우가 있었습니다. 예컨대 1987년을 입력할 때 19는 당연하기 때문에 87만 저장되도록 프로그램을 만들었습니다. 2000년 이후를 대비하지 않은 것이죠. 금융거래 프로그램이나 군사 보안 프로그램들이 2000년

이 되면 연도를 착각하여 큰 문제를 발생시킬 수 있다는 우려가 제기되었습니다. 이것을 Y2K(Year 2000) 문제라고 불렀습니다. 미리 대비하고 프로그램을 수정했기 때문에 큰 문제없이 지나갔습니다. 하지만 인류가 이미 컴퓨터 없이 살 수 없다는 것을 증명해 준 사건이었습니다.

최근 화두가 된 4차 산업혁명이라는 말은 다보스 포럼으로 알려진 세계경제 포럼 2016년 회의에서 의장인 클라우스 슈바프(Klaus Schwab)가 주창한 개념입니다. 지난 세 번의 산업혁명을 통해 인류가 보유한 기술과 산업을 기반으로 현재 진행 중인 다음 단계의 산업적 진보를 미리 규정해 보고 좀 더 적극적인 발전을 모색하자는 취지였습니다. 대표적인 혁신 기술로는 빅데이터 기술, 로봇, 인공지능, 사물인터넷, 무인 운송, 3D 프린팅 등이 있습니다. 이 첨단 기술들은 그 자체로도 의미가 크고 관련 시장도 커지고 있습니다. 4차 산업혁명과의 관계 여부를 떠나 앞으로 유망한 산업 분야임은 확실합니다. 다만 4차 산업혁명이라는 관념적 틀에 회의적인 시각도 존재합니다.

모든 역사가 그렇듯 중요한 변곡점을 지날 때는 알아차리기 힘듭니다. 그럴 만한 여유가 없기도 하고 미래를 예측할 수 없기 때문이기도 합니다. 예컨대 컴퓨터가 처음 등장했을 때나 개인용 컴퓨터가 보급될 때 사람들은 그것이 산업혁명으로 자리매김할 것임을 알기 어려웠을 것입니다. 단지 계산을 쉽게 해주는 기계 혹은 편리한 사무용 전자 기기 정도로 생각했겠죠. 긴 시간에 걸친 점진적 기술 발전이 산업 구조의 변화를 가져오고 그 뒤에 역사를 평가할 때 비로소 그것이 산업혁명이었다고 규정지을 수 있을 것입니다. 이런 맥락에서 경제학자 제러미 리프킨은 현대는 여전히 3차 산업혁명의 끝자락에 있다고 주장하기도 합니다.

### 4차 산업혁명이 중요한 이유

지난 세 번의 산업혁명을 돌이켜 볼 때 그 주도 국가가 당시 전 세계의 패권국이었다는 점은 시사하는 바가 큽니다. 이 점이 바로 4차 산업혁명에 많은 국가가 주목하는 이유입니다. 단순히 신기술을 개발하여 경제적 이득을 취하려는 목적을 넘어서서, 다음 산업혁명의 주도국 위치를 선점하기 위한 치열한 경쟁이 이미 시작되었습니다. 그 경쟁의 결과물은 더욱 진보한 산업 발전이며 수혜자는 우리 모두가 될 것입니다.


## 2  새로운 에너지를 찾아서

### 바람을 이용한 발전

1980년대 말, 어떤 가수는 「바람아 멈추어다오」라는 노래를 불렀다지요. 하지만 바람이 멈추지 않기를 바라는 곳이 있습니다. 바로 풍력 발전소입니다. 풍력 발전의 아이디어는 기술적으로 간단하고 등장한 지도 매우 오래되었습니다. 학교 과학 시간에도 심심치 않게 등장했습니다. 아이디어를 제안하는 것과 실제 현장에서 구체화하여 사용하는 것에는 큰 차이가 있는 것 같습니다. 최근 들어서야 전 세계적으로 풍력 발전이 집중적으로 연구되고 대규모로 상용화되는 것을 보아도 그렇습니다.

미국 여러 주 중에서 텍사스주는 풍력 발전량에 있어서 단연 으뜸입니다. 자연적 조건이 좋기 때문이기도 하고 주 정부 차원에서 다양한 부양책을 썼기 때문이기도 합니다. 풍력 발전에는 무작정 부는 돌풍보다는 일정한 속도와 방향으로 꾸준히 부는 바람이 좋습니다. 풍력 발전기는 높이가 자유의 여신상과 맞먹고 (받침대와 동상 합해서 약 100m) 폭도 60m 정도 되기 때문에 발전기를 다수 건설할 수 있는 넓은 땅도 필요합니다. 날개 회전으로 인해 주변에는 난류성 바람이 많고 저주파 소음도 발생하기 때문에 주거 지역과 거리를 두어야 합니다. 이 저주파 소음에 장시간 노출되면 건강에도 좋지 않다고 합니다. 도시에서 다소 떨어진 곳에 풍력 발전기가 많은 이유입니다.

풍력 발전 원리는 선풍기를 거꾸로 작동시킨 것이라고 이해할 수 있습니다. 전기를 공급하면 선풍기의 모터가 돌아가고 모터 축에 연결된 프로펠러가 회전하면서 바람이 발생합니다. 반대로 바람이 불어 선풍기 프로펠러가 돌아가면 모터에서는 전기가 발생합니다. 물론 실제 선풍기는 이렇게 발생한 전기가 전원 플러그로 흘러 들어가지 않도록 안전 설계가 되어 있습니다. 풍력 발전기에는 모터와 매우 유사한 구조를 가진 발전기가 바람개비 모양의 로터(rotor)에 연결되어 있어서 바람이 불면 전기가 생산됩니다. 기본 원리는 간단하지만 실제 풍력 발전기 한 대에는 만 개에 가까운 부품이 들어갑니다. 그만큼 기술적으로 해결해야 할 문제가 많았다는 뜻이기도 합니다.

풍력 발전기는 바람 속도에 따라 때로는 빠르게, 때로는 느리게 돌아갈 듯 보입니다. 게다가 옆에서 불어오는 바람으로는 풍력 발전기가 돌지 않을 것 같은 걱정도 듭니다. 하지만 이러한 문제는 기술적으로 대부분 해결되었습니다. 풍력 발전에 관한 다양한 연구를 통해 발전량이 최고가 되는 최적의 로터 회전 속도가 알려져 있습니다. 이를 위해 로터 브레이드(바람개비 날개에 해당)의 각도를 조절하는 장치가 풍력 발전기에는 들어 있습니다. 바람이 너무 강하게 불더라도 블레이드 각도를 조절하여 최적의 속도로 돌아 최대의 전기가 꾸준히 생산되도록 합니다. 이를 피치 제어(pitch control)라고 부릅니다. 이 피치 제어는 생산된 교류전기의 주파수를 안정적으로 만드는 데도 도움을 줍니다. 더불어 요 제어(yaw control)는 로터 전체가 좌우로 돌며 불어오는 바람과 로터 블레이드가 항상 직각이 되게 해 줍니다. 바람의 방향이 다소 바뀌더라도 발전이 가능합니다.

풍력 발전기의 날개는 왜 항상 세 개일까요? 실제로는 네 개도 가능하며 두 개짜리 날개를 가진 것도 있습니다. 이론적으로는 날개가 많으면 바람을 많이 받아서 더 큰 추진력으로 더 많은 전기를 생산할 수도 있습니다. 하지만 날개가 많아지면 그만큼 무게도 커지고 비용이 증가하며 관리해야 할 부품도 늘어납니다. 현실적으로 비용 대비 발전량을 면밀히 고려하여 최적의 디자인을 찾아야 하는데 근래에는 날개 세 개짜리 디자인이 대략의 표준으로 자리 잡고 있습니다.

풍력 발전기는 대량으로 설치하여 풍력 발전 기지(wind farm)를 만들어야 비용 면에서 이득을 볼 수 있습니다. 초창기에는 바둑판 모양의 배열이 주를 이루었지만, 더 많은 발전량을 얻기 위해 연구를 한 결과 바둑판 모양 배열의 문제점이 드러났습니다. 배열의 앞줄에 배치된 풍력 발전기의 영향으로 바람의 속도와 방향에 변화가 생기고, 이로 인해 뒤쪽에 배치된 발전기에서 기대한 만큼의 발전량이 나오지 않았습니다. 이를 고려하여 기존의 규칙적인 배열이 아닌, 설치 지점의 바람과 지형 특성을 고려하여 최적의 배치를 찾는 연구들이 활발히 진행되고 있습니다.

## 태양을 이용한 발전

태양 에너지를 바로 전기로 바꿀 수는 있는 기술은 이미 많이 나와 있고 상용화되어 있습니다. 태양열 발전은 태양에서 오는 열을 이용하여 물을 끓이고 그 증기로 모터를 돌려 전기를 만듭니다. 에너지 밀도가 낮고 열이 손실되면서 효율도 많이 떨어집니다. 큰 공간도 필요하기 때문에 개발된 지는 오래되었지만 인기는 많지 않습니다.

태양열 발전과 자주 혼동되는 태양광 발전은 매우 다른 방식을 이용합니다. 태양광 에너지의 원리는 아인슈타인이 이론화한 광전 효과에서 시작합니다. 광전효과는 이름에서도 알 수 있듯이 빛과 전자에 관한 현상으로, 금속에 빛을 비추어주면 전자가 튀어나오는 현상입니다. 광전효과는 직관적 상식과 다른 점이 많습니다. 여기서 중요한 빛의 두 가지 입력 변수는 빛의 세기와 주파수입니다. 그리고 결과로 얻을 수 있는 값은 튀어나온 전자의 개수와 이동 속도입니다. 두 개의 입력과 두 개의 출력은 상관관계가 있습니다.

빛의 세기를 올려주면 계속 에너지가 전달되므로 더 많은 전자가 더 높은 속도로 튀어나올 것 같습니다. 하지만 신기하게도 빛의 세기는 전자의 속도에는 영향을 주지 못하고 개수에만 영향을 줍니다. 또 높은 주파수의 빛을 비추면 튀어나오는 전자의 속도는 올라가지만 개수는 변함이 없습니다. 이것은 빛이 순수한 파동이라면 설명할 수 없는 현상이어서 실험적 결과를 놓고 오랫동안 과학자들이 고민했습니다. 양자가설과 빛의 입자성을 이용하여 이 현상을 완벽히 설명한 아인슈타인은 그 공로를 인정받아 노벨상을 받았습니다. 대중의 인지도만 생각하면 아인슈타인이 노벨상을 여러 개 받았을 것 같지만, 사실 이 광전효과로 딱 하나만 받았습니다.

태양광 발전에는 솔라 셀(solar cell)이라고도 부르는 태양광 전지를 사용합니다. 빛을 받으면 전기를 발생시키는 반도체 소자입니다. 재미있는 것은 이 반도체 소자의 원리는 디스플레이에 사용되는 LED(light emitting diode)의 원리와 정반대라는 점입니다.

이 책에 반도체에 관한 부분을 따로 마련했으니 같이 읽으시면 좋습니다. 발광다이오드인 LED가 N형 반도체와 P형 반도체의 접합체이듯이 태양광 전지도 구조가 비슷합니다. 〈그림 3-1〉처럼 두 타입의 반도체를 붙이면 경계면에서 N형 반도체에 있던 전자가 P형 반도체의 정공에 끌려갑니다. N형 반도체는 전자를 빼앗겨서 약간 양극이 되고 반대로 P형 반도체는 없던 전자를 받아서 약간 음극이 됩니다. 이렇게 두 형의 반도체 접합 부위에서 전자와 정공이 결합한 부분을 공핍층이라고 합니다. 공핍층은 두 반도체의 경계 주변에서만 발생합니다. 이때 전구를 그림처럼 연결하면 어떻게 될까요? 전자가 전선을 따라 정공으로 가려는 힘이 크지 않기 때문에 전구에 불이 켜지지 않습니다. 반도체에 빛을 비추기 전까지는 말이죠.

빛을 N형 반도체 쪽에 비춰 반도체 경계면의 공핍층에 도달하면 광전효과에 의해 정공과 만났던 전자가 튀어나옵니다. 전자를 빼앗겼던 N형 반도체는 새로 생겨난 전자를 열심히 받아들입니다. 필요 이상으로 전자를 받았던 P형 반도체는 전자를 돌려주게 되어 신이 납니다. 이제 N형 반도체

그림 3-1  **태양광 전지 발전 원리**

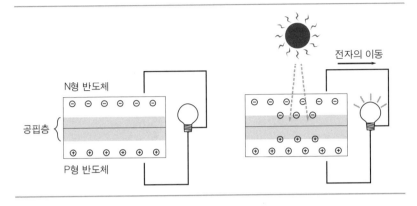

에 과잉된 전자를 어디론가 흐를 수 있도록 전선을 연결합니다. 전구도 함께 연결하고요. 이번에는 전자가 이동하려는 힘이 더 크기 때문에 전구의 부하를 극복하고 전선을 따라 아래쪽 정공까지 이동합니다. 이 과정이 반복되어 전기가 생산됩니다.

새로운 에너지에 대한 필요성이 대두된 이유는 우리가 화석 연료에 너무 의존하기 때문입니다. 화석 연료는 환경오염, 온실가스, 고갈의 우려 등 여러 단점이 있습니다. 풍력 발전과 태양광 발전이 매우 유력한 신재생 에너지로 급부상하고 있습니다. 지난 십수 년은 정부 주도의 관련 산업과 연구가 주를 이루었다면, 이제는 선진국을 중심으로 민간에서도 정부 보조 없이 수익을 낼 수 있는 정도로 기술력이 향상되어 에너지 시장도 재편되고 있습니다. 더 많은 신재생에너지가 화석 연료를 대체하는 미래를 꿈꿔 봅니다.

## 양날의 칼, 원자력에너지

에너지를 이야기하면서 원자력에너지를 빼놓을 수 없습니다. 화석 연료와 원자력에너지가 갑자기 사라진다면 인류는 현재의 시스템을 유지할 수 없습니다. 화석 원료의 단점이 뚜렷한 지금 신재생에너지에 대한 관심과 함께 원자력에너지에 대한 논란도 뜨겁습니다. 단순히 한 면만 보고 결정할 수 없는 문제입니다. 다만 우리가 후쿠시마 원전 사고에서 보았듯이 아무리 안전하게 관리한다고 해도 원자력은 우리의 관리 능력 밖으로 빠져나갈 가능성이 있는 에너지원입니다. 또한 전기를 만들고 난 뒤 생기는 폐기물을 처리해야 하는 문제도 있고, 원자력발전소가 있던 자리는 우리 자손들 여러 세대가 쓰지 못하는 지역이 됩니다. 엔트로피 법칙에서 보듯이 에너지를 뽑아서 전기에너지로 바꾸면 무질서도가 증가할 수밖에 없습니다. 그 무질서가 과연 인류가 감당할 만한 것인지 고민해야 하겠습니다.

## 전기를 분배하는 기술, 그리드

전기 생산 기술의 발전과 에너지원의 다양화와 더불어 전기의 효율적 분배도 전기 산업에 매우 중요한 부분입니다. 전기는 다른 재화처럼 재고를 쌓아두고 판매할 수 없습니다. 생산된 전기를 소비자가 사용하지 않으면 사라집니다. 야간 전기가 싼 이유가 여기에 있습니다. 발전소는 일정한 양의 전기를 꾸준하게 생산하는 것이 효율 측면에서 가장 좋기 때문에 야간에도 전기를 생산하고, 그 대신 가격을 낮추어 소비를 유도하는 것입니다.

2011년 9월 15일 오후 3시가 막 지났을 무렵, 우리나라 전역에 산발적인 정전이 발생했습니다. 소비되는 전력량이 생산하는 전력량에 너무 가까워졌기 때문입니다. 공급되는 전기량이 소비량에 미치지 못하면 대규모 정전이 발생할 수 있고, 관련 전기 공급 시설이 고장을 일으킬 수 있습니다. 그래서 전력 예비율을 설정해 두고 이를 방지하고 있습니다. 2011년에 일어난 사고는 여름이 막 지나 몇몇 발전소가 정비를 위해 가동을 멈춘 시점에 예상보다 많은 전력이 소비되면서 순환 단전이 실시되어 발생했습니다.

이렇게 개별 발전소 하나하나의 운영이나 발전 기술 향상만큼 중요한 것이 생산된 전기를 어떻게 효율적으로 배분하느냐입니다. 전기 생산지부터 여러 전기 공급 시설을 지나 전기 소비자까지 연결된 전기 공급망을 그리드(grid)라고 합니다. 전통적인 방식에서는 전기 공급자가 소비자의 규모, 지역, 소비 패턴 등을 조사·추정하여 그리드를 만들고 운영했습니다.

더 발전된 형태의 그리드인 스마트그리드(smart grid)가 에너지 업계와 학계에서 큰 호응을 얻고 있습니다. 시시각각으로 변하는 전기 소비량을 실시간으로 측정하고 이를 데이터화하여 더욱 능동적으로 그리드를 운영하는 것입니다. 어느 지역에서 남는 전기를 모자라는 지역으로 할당해 주거나 남는 전기를 배터리에 저장하여 급할 때 사용하는 방식으로 효율을 올립니다. 이것은 다시 마이크로그리드와 연계하여 더욱 효용성을 높이고 있습니다. 예를 들면 소규모 태양광 발전이 가능한 지자체에서는 전기를 생산하여 자체 지역에 공급할 수 있는데, 이렇게 국소적인 지역의 전력 공급 시스템을 마이크로그리드라고 합니다. 이 마이크로그리드가 큰 규모의 스마트그리드와 연결되면 남는 전기를 팔 수도 있고 전기가 급히 모자랄 때는 중앙 그리드에서 받아올 수도 있습니다. 즉 안정적이고 효율적인 전기 배분이 가능해집니다.

## 3 석유의 현재와 미래

### 석유 없이 석유를 파는 한국

에너지 절약 캠페인에 자주 쓰이는 표현이 있습니다. 바로 "석유 한 방울 나지 않는 한국"입니다. 틀린 말은 아닙니다. 천연가스와 원유가 조금 매장된 원전이 동해에서 발견되기도 했으나 산유국이라 할 만큼의 양은 아닙니다.

그런데도 한국은 석유 산업으로 큰 부를 창출하는 나라입니다. 땅속에서 바로 시추한 검고 끈적한 원유는 바로 에너지원으로 쓰기에는 적합하지 않습니다. 그래서 정제하여 목적에 맞는 다양한 석유 제품으로 만드는 정유를 거쳐야 합니다. 이 과정에서 휘발유, 경유, 등유 등이 생산됩니다. 우리나라의 정유 시설 규모는 세계적으로 손꼽힐 만큼 큰 규모를 자랑합니다. 플라스틱 제품도 석유화학 산업의 효자 종목이죠. 이렇게 만들어진 석유 제품을 다시 전 세계로 판매하고 있습니다. 비록 원유는 수입하더라도 가공하여 다시 파는 산업을 크게 성공시켰고, 그 기반에는 기술 개발이라는 각고의 노력이 있었습니다.

### 석유의 근원

그렇다면 땅속의 그 많은 석유는 어떻게 만들어졌을까요? 석유의 기원을 찾기 위해서는 석유의 구성 성분을 알 필요가 있습니다. 석유는 기본적으로 탄화수소 덩어리입니다. 탄소와 수소가 결합한 화합물이죠.

그런데 생명체를 이루고 있는 구성 요소 중에 가장 많은 원소가 탄소와 수소입니다. 우리가 항상 섭취해야 하는 3대 영양소인 탄수화물, 단백질, 지방의 분자 구조를 보아도 탄소와 수소가 기본 원소임을 알 수 있습니다. 이러한 사실을 근거로 석유의 유기기원설이 나왔습니다. 즉 아주 오래전 많은 생명체가 어떠한 이유로 대량 퇴적되어 땅속에서 압력과 열을 받아 원유 형태로 변하여 특정 빈 공간에 모이게 되었다는 것이 유기기원설의 핵심입니다.

우선 생명체는 죽으면 썩기 시작합니다. 식물이든 동물이든 죽은 다음 부패하지 않고 퇴적하기는 쉽지 않습니다. 부패는 미생물이 유기물을 먹어 치우는 과정인데, 이러한 과정이 불가능한 조건이 되어야 석유가 만들어지겠지요. 그런데 지상에서 생명체가 죽은 뒤 썩지 않고 고스란히 퇴적된다는 것은 상상하기 어렵습니다.

또한 석유의 매장량으로 봤을 때, 아주 오래전 지구가 지금보다 더 많은 동식물로 가득 찰 만큼 좋은 환경이었다고 하더라도, 자연적으로 죽은 생명체가 차곡차곡 쌓여 석유가 되었다고 믿기는 쉽지 않습니다. 이런 이유로 공룡이 죽어서 석유가 된 것이 아닐까 하는 추측은 학계에서는 인기가 없습니다.

유기기원설에 따르면 수억 년 전 지구는 지금보다 넓은 바다로 둘러싸여 있었고, 그 속의 수많은 해양 생물과 플랑크톤이 바다 밑에 차곡차곡 쌓이는 환경이 조성되었을 것으로 추측하고 있습니다. 공기가 직접 닿지 않기 때문에 부패가 더뎠을 것입니다. 현재 석유가 발견되는 지역이 과거에 바다나 호수였을 것으로 예상되는 증거가 많아서 여러 가지로 설득력이 큰 가설입니다.

유기기원설에 비하면 믿는 사람이 훨씬 적긴 하지만 무기기원설도 있습니다. 석유의 재료가 되는 주된 원소인 탄소와 수소가 땅속에서 왔을 수도 있다는 생각에서 시작된 가설입니다. 땅속에는 탄화칼슘이나 탄화알루미늄과 같은 여러 가지 형태의 금속 탄화물이 많은데, 이러한 무기물들 속의 탄소가 석유의 근원일 수도 있습니다. 땅속의 고온·고압 환경에서 금속 탄화물과 물이 반응하여 탄화수소가 만들어질 수 있는데, 실험으로 증명이 가능한 현상입니다.

토성은 타이탄(Titan)으로 불리는 위성을 가지고 있습니다. 이 위성에는 다른 태양계 행성이나 위성과 달리 바다, 호수, 구름 등이 있습니다. 지구와 비슷하다고 생각할 수도 있지만 한 가지 큰 차이점이 있는데, 바로 바다가 물이 아닌 메탄으로 되어 있다는 점입니다. 메탄은 지구상에서 기체로 발견되지만, 타이탄에서는 낮은 온도와 높은 압력 때문에 액체로 존재합니다.

메탄도 탄화수소의 일종이어서 그 근원이 큰 의문으로 남아 있습니다. 타이탄을 둘러쌀 수 있을 정도의 많은 메탄이 생명체에서 왔다고 보기는 어렵다는 점에서 특정 조건이 되면 무기물들이 반응해 탄화수소가 될 수도 있다는 가설이 가능해집니다.

그럼에도 현재는 무기기원설보다는 유기기원설이 더 타당한 가설로 널리 받아들여지고 있습니다. 석유 매장량과 석유로부터 우리가 얻은 윤택한 삶을 생각해 볼 때, 신이 만들어 땅속에 넣어준 것이든, 우연에 우연이 겹쳐 그렇게 된 것이든, 석유는 인류에게 대단한 선물입니다.

## 석유는 고갈되고 있을까?

30여 년 전 석유는 대략 50년 정도 쓰면 고갈될 것이라는 전망이 뉴스에 소개되곤 했습니다. 그 뉴스대로라면 이제 20년 정도 남았습니다. 사실일까요?

인류가 사용하는 자원은 대부분 유한합니다. 식량, 물건을 만드는 재료, 에너지원 등 모두 양이 제한되어 있습니다. 하지만 얼마나 남아 있는지 정확하게 알아야 미래에 대비할 수 있겠죠.

토머스 맬서스(Thomas Malthus)는 1798년 저서 『인구론』에서 인구는 기하급수적으로 증가하지만 식량 생산은 산술급수적으로 증가하기 때문에 식량난에 직면할 것이라고 경고한 바 있습니다. 인류는 농업 기술 발전으로 식량 생산성을 끌어올려 식량난을 극복하고 있지요. 여전히 기근으로 고통받는 사람들이 세상에 많지만, 이것이 인류 전체의 식량 생산량 부족에 따른 것인지 아니면 분배의 문제인지는 생각해 볼 필요가 있습니다. 후자의 경우라면 접근법이 달라야 하니까요.

석유와 관련해서도 비슷한 역사가 있습니다. 1956년 석유 회사 셸에 근무하던 지질학자 매리언 허버트(Marion Hubbert)는 피크 오일(peak oil) 이론을 만들어 논문을 발표했습니다. 당시 기준으로 약 14년 뒤인 1970년 즈음에 석유 생산량이 최고점을 찍고 그 이후로는 줄어들 것이라는 추정이었습니다. 그 후로 석유 고갈론은 여전히 논란의 중심에 있습니다.

피크 오일 이론이 발표되고 60년 이상 흘렀습니다. 어떻게 되었을까요? 원유 회사 BP가 2019년에 발표한 세계 에너지 통계에 따르면 1950년의 연간 세계 총원유 생산량은 약 50억 배럴 정도였고, 1970년에는 170억 배럴을 넘어섭니다. 1970년대에 있었던 석유파동 때문에 잠시 주춤하던 원유 생산은 1980년대에 들어 계속 증가합니다. 2010년대에 들어서는 매년 300억 배럴씩 생산하고 있습니다.

계속 이렇게 퍼 올려도 괜찮을까요? 2016년 기준으로 전 세계에 채굴 가능한 원유 매장량은 대략 1조 7000억 배럴로 추정되고 있습니다. 매년 300억씩 꺼내 써도 50년은 사용 가능합니다. 신기하게도 30년 전에도 50년 남았다던 석유의 사용 기한이 아직도 50년 남았습니다. 어떻게 된 걸까요?

우선 새로운 유전이 계속 발견되고 있습니다. 유전을 찾아내는 기술이 발전했기 때문이죠. 우리가 우려하듯이 석유의 매장량은 유한합니다. 그러나 인류가 시추하는 석유의 양은 지구에 매장된 석유 총량을 고려했을 때 가까운 미래에 고갈될 것 같지는 않습니다. 단적으로 현재 지구에 매장된 석유 총량은 추정만 할 뿐 정확히 알지도 못합니다. 여기에 새로운 형태의 화석 연료인 셰일오일과 셰일가스가 등장하면서 석유고갈론은 점점 더 힘을 잃고 있습니다.

## 새로운 화석 연료, 셰일오일

원유 가격은 생산국 간의 여러 가지 정치적·경제적 이해관계에 영향을 받을 때가 많습니다. 2015년의 석유 가격 하락의 이유 중 하나는 셰일오일과 셰일가스라는 새로운 종류의 석유와 천연가스가 대량 채굴되기 시작한 것이었습니다. 좀 더 구체적으로는 전통적인 방식으로 석유와 천연가스를 채굴하는 중동의 산유국들이 이 새로운 종류의 석유와 천연가스를 생산하는 산업을 견제하기 위해 인위적으로 석유를 증산해 가격을 떨어뜨렸습니다. 저유가를 이용해 셰일오일과 셰일가스 산업의 확장을 막으려 한 것이 었습니다. 도대체 셰일오일이 무엇이기에 석유 시장에 이토록 큰 영향을 주는 것일까요?

셰일오일은 기존의 원유와 크게 다르지 않지만 위치하는 땅속 장소가 독특합니다. 앞에 이야기했듯이 석유는 아주 오래전 다량의 유기물들이 퇴적되어 형성된 것으로 추측됩니다. 이 원유가 땅속 퇴적층 사이를 흐르다가 어느 지점에서 단단한 퇴적암 사이에 갇히고 그것을 우리가 시추하여 사용합니다. 마치 저수지에 고여 있는 물을 펌프로 뽑아 쓰는 것과 비슷합니다. 그런데 미세한 구멍이나 빈틈이 많은 퇴적암 혹은 모래층에도 석유가 흡수되어 존재하기도 합니다. 셰일오일이란 셰일이라 불리는 퇴적암에 스며 있는 오일을 말합니다. 셰일은 겹겹의 얇은 층으로 구성된 퇴적암이어서 그 사이로 오일이나 천연가스가 스며들 수 있습니다. 바로 '석유를 품은 돌'이라고 부를 수 있겠습니다.

과거에는 셰일층에 있는 석유를 뽑아낼 기술도 없었고 경제성도 좋지 않아서 채굴 불가능한 석유로 취급했습니다. 70여 년 전 발명된 수압파쇄법은 발전을 거듭하여 21세기에 이르러 싼 가격으로 셰일오일을 채굴할 수 있게 해주었습니다. 이 방법은 매우 깊이 존재하는 셰일층까지 뚫고 내려간 다음, 물과 모래 혼합물을 고압으로 주입하여 셰일 퇴적암을 여러 방향으로 쪼개고 이때 흘러나오는 석유를 뽑아 올리는 시추법입니다. 주입된 퇴적암 층을 물리적으로 파쇄하기 때문에 주입된 물과 모래가 뽑아 올린 석유 자리를 대체하여 주변의 지반 침하를 막습니다.

셰일오일 시추는 기존 석유 시추보다는 비용이 많이 들기 때문에 유가가 일정 수준 이상이 되어야 경제성이 확보됩니다. 전통적인 방식으로 시추된 석유의 가격은 산유국들의 원유 생산량 조절을 통해 적정한 가격으로 유지됩니다. 그런데 채굴 기술이 발전하면서 2010년 즈음부터 셰일오일이 배럴당 50달러 수준으로 저렴해졌습니다. 다시 말해 중동의 산유국들이 배럴당 60달러로 원유를 판다면 미국의 셰일오일 회사들은 비슷한 원유를 50달러에 시장에 내놓을 수 있게 된 것입니다. 기술력의 도움으로 가격이 낮아진 셰일오일은 매장량도 상당하다고 알려져 있습니다. 채굴 가능한 셰일오일의 양이 텍사스에만 600억 배럴 정도 매장되어 있다고 합니다. 이것은 최대 산유국 사우디아라비아의 석유 생산을 15년간 대체할 수 있는 엄청난 양입니다. 셰일오일이 아직도 계속 추가로 발견되고 있다는 점을 고려하면 그 영향력은 가히 '셰일혁명'이라고 불릴 만합니다.

미국은 그동안 본토 석유의 수출을 제한하는 기조를 유지해 왔지만, 2008년 무렵부터 셰일가스와 셰일오일이 경쟁력을 갖추게 되면서 2015년부터는 적극적으로 원유를 수출하는 방향으로 석유 정책을 바꾸었습니다.

그런데 2020년 초에 원유 가격이 폭락하면서 원유 시장을 둘러싼 또 한 번의 소용돌이가 몰아치게 되었습니다. 2019년 말까지만 하더라도 배럴당 60달러 수준이던 원유 가격이 2020년 3월에는 20달러까지 떨어졌습니다. 셰일가스와 셰일오일 산업이 존폐 기로에 선 것입니다. 화석 연료의 좋고 나쁨을 떠나 어떻든 인류는 한동안은 화석 연료를 주·에너지원으로 사용할 수밖에 없습니다. 같은 화석 연료라 하더라도 석유 고갈의 걱정을 덜어준 셰일가스와 셰일오일 산업이 사라진다면 인류에게는 크게 아쉬운 일이 될 것입니다.

그렇다면 이 셰일오일은 좋은 면만 있을까요? 앞에서 이야기한 대로 셰일오일 시추를 위해 모래와 물을 고압으로 땅속에 밀어 넣게 되는데 이렇게 되면 주변 지역의 지하수가 셰일오일에 노출될 수 있습니다. 또 수압파쇄법은 소음과 진동을 유발합니다. 미국의 경우는 워낙 땅이 넓어서 주거 지역을 피해서 시추할 수 있다지만 유럽의 경우는 사정이 좀 다른 것 같습니다. 영국에서는 셰일오일을 시추하는 지역의 주민들이 지하수 오염과 메탄가스 발생, 진동과 소음 등의 불편을 겪어 셰일오일 시추를 반대하는 시위도 일어난다고 합니다.

### 새로운 시대, 새로운 에너지

이렇게 보면 석유 고갈론이 비록 당장에는 큰 걱정이 아니라 하더라도 한 종류의 에너지원, 특히 석유처럼 환경에 부담을 주는 에너지원에 영원히 우리의 운명을 맡길 수는 없다는 생각이 듭니다. 그래서 신재생에너지 개발에 대한 우리의 노력도 계속되어야 하겠습니다.

인류는 석기시대, 청동기시대, 철기시대를 거쳐 왔고, 에너지원으로 나무, 석탄, 석유, 천연가스 등을 써왔습니다. 석기시대를 마감하고 청동기시대를 맞이할 수 있었던 것은 지구상의 돌이 모두 없어졌기 때문이 아니라 돌보다 좋은 재료인 청동을 만들어낼 기술을 습득했기 때문입니다. 마찬가지로 나무를 땔감으로 쓰던 우리는 지구상의 모든 나무를 써버리기 전에 석탄과 석유를 채굴하는 기술을 개발했습니다. 같은 맥락에서 본다면 인류는 석유가 고갈되고 나서 뒤늦게 새로운 에너지원을 찾느라 허둥대지는 않을 것입니다. 그 전에 우리는 좋은 에너지원을 찾고 관련 기술을 개발할 것입니다. 이러한 기대를 품고 많은 나라가 정책적으로 에너지 기술 개발을 지원하며, 지금도 수많은 공학자와 엔지니어들이 연구와 도전을 거듭하고 있습니다.


## 4 평창 동계올림픽에서 만난 과학기술

2018년 한국 평창에서 동계올림픽이 열렸습니다. 선수들의 경기 장면과 더불어 개회식과 폐막식도 우리에게 즐거움과 감동을 선물했습니다. 평창 올림픽의 개회식과 폐막식에서 볼 수 있었던 과학기술에 대해 알아봅니다.


### 드론

드론은 평창 동계올림픽 개막식에서 올림픽의 상징인 오륜기를 밤하늘에 그렸고, 폐막식에서는 올림픽 마스코트인 수호랑을 주경기장 상공에 보여주었습니다. 이를 위해 반도체 회사 인텔의 드론 팀은 무려 1218개의 드론을 동시에 띄워 기네스 기록을 갱신하기도 했습니다. 현재 기술로 드론 하나를 띄우고 제어하는 것은 쉬운 일입니다. 그러나 평창 동계올림픽에서 보여준 군집 비행 기술은 한 차원 높은 드론 기술입니다. 스웜(swarm) 제어라 불리는 기술로서 수십 대에서 수백 대에 이르는 드론을 한꺼번에 제어하는 기술입니다. 수백 개의 드론을 제어하기 위해 한 대의 제어용 컴퓨터가 각각의 드론과 통신을 해야 한다면 통신 시간이 너무 길어져서 실시간 제어가 불가능합니다. 스웜 이론에서는 전체 드론을 소그룹으로 나누고 각 그룹의 리더 드론만 중앙 컴퓨터가 통제하며 리더 드론들은 소속 그룹의 다른 드론들에게 이동 경로를 알려줍니다. 이를 탈중앙 집중 제어 방식이라고 합니다.

그러나 평창 동계올림픽에서의 드론 군집 비행은 다소 차이가 있었습니다. 엔터테인먼트 쇼 형태의 드론 제어에서는 학문적 기술의 달성 여부보다 안정적인 드론의 움직임이 우선시됩니다. 드론의 움직임이 이미 계획되어 있기 때문에 복잡한 이론적 기술을 적용하기보다는 실패 가능성을 최소화한 방향으로 프로젝트가 진행되었을 것입니다. 실제로 인텔 드론 팀의 그룹 매니저가 인터뷰에서 밝힌 내용에 따르면 당시 드론 쇼는 각 드론이 미리 계산된 3차원 궤적을 단순히 따라가는 방식이었다고 합니다.

### 무대 영상 프로젝션

큰 원형 무대 바닥에 선명하게 뿌려진 그래픽도 아름다운 구경거리였습니다. 넓은 원형 바닥에 영상을 뿌리기 위해 60여 대의 프로젝터가 동원되었다고 합니다. 여러 영상이 하나의 큰 영상으로 만들어져야 하기 때문에 정확히 서로를 이음새 없이 맞추는 작업이 필요했습니다. 스타디움 지붕 아래에 설치된 프로젝터와 원형 무대 사이의 먼 거리를 감안하면 매우 밝은 프로젝터가 필수적입니다. 사용된 프로젝터의 밝기는 3만 루멘이라고 합니다. 1루멘이 대략 촛불 한 개 정도의 밝기이고 가정용 프로젝터가 약 3000루멘이므로 행사에 사용된 프로젝터가 얼마나 밝은지 가늠해 볼 수 있습니다.

## 증강현실

개회식에서 별들이 바닥에서 하늘로 올라가 별자리를 이루는 장면이 있었습니다. 이는 증강현실(augmented reality)로 구현되었습니다. 단순하게 표현하자면 CG, 즉 컴퓨터 그래픽입니다. 현장에서는 안 보이고 중계 화면에서만 보이는 장면이었습니다. 다만 기존 CG와 차이점이 있습니다. 대부분 CG는 촬영된 화면에 후처리 방식으로 그래픽을 추가하며 작업 시간이 오래 걸립니다. 증강현실 기술에서는 촬영된 영상이 화면에 나올 때 실시간으로 컴퓨터 그래픽이 화면에 추가됩니다. 그만큼 정밀한 화면 인식과 빠른 계산이 필요합니다. 촬영된 영상 내에서 어디가 바닥이고 크기가 얼마인지, 어떻게 움직이고 있는지를 컴퓨터가 인식하여 거기에 맞추어 별들을 계획된 위치에 표시하는 방식으로 증강현실이 구현되었습니다. 이러한 기술은 요즘 다양한 스포츠 중계에서도 쉽게 볼 수 있습니다. 미국 풋볼 경기 중계에서 10야드 선을 보여주는 데 쓰이는 기술도 바로 증강현실 기술입니다.

## 인면조

얼굴은 사람이고 몸은 새인 인면조가 개회식에 등장해 한동안 입방아에 올랐습니다. 고구려 벽화에서 아이디어를 얻어서 만들었다고 하는데, 많은 사람이 보기 불편했다는 반응을 보였죠. 재미있게도 이러한 반응은 로봇공학의 오랜 숙제와 맥이 닿아 있습니다. 오래전 로봇공학자들이 발견한 재미있는 사실이 있습니다. 로봇이 사람을 어설프게 닮으면 오히려 무섭거나 섬뜩해 보인다는 사실입니다. 차라리 하얗고 동그란 얼굴에 까만

그림 3-2  **불쾌한 골짜기 그래프와 휴머노이드 소피아**

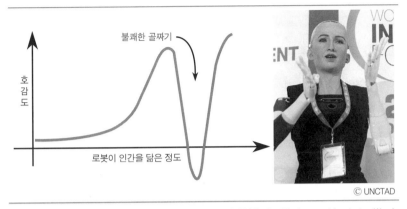

자료: 휴머노이드 소피아는 https://commons.wikimedia.org/wiki/File:Sophia_humanoid_robot_-_Word_
Investment_Forum_2018_(44775984264).jpg

눈만 두 개 있는 캐릭터화된 로봇이 귀엽게 보이고 호감이 갑니다. 이렇게 로봇의 모습이 사람을 어중간하게 닮으면 호감도가 급격히 떨어지는 것을 설명하는 개념이 언캐니 밸리(uncanny valley)입니다. 로봇이 사람과 닮은 정도를 수평축에 두고 로봇에 대한 사람들의 호감도를 그래프로 그리면 로봇이 사람을 닮을수록 호감도가 올라가다가 어느 순간 급격히 하락합니다. 어중간하게 사람을 닮은 로봇은 섬뜩하게 느껴지니까요. 이 그래프에서 호감도가 급격히 떨어진 부분을 uncanny valley, 직역하여 섬뜩한 계곡 혹은 불쾌한 골짜기라고 부릅니다. 만약 이 인면조를 미리 로봇공학자들에게 보여줬다면 불쾌한 골짜기를 언급하며 조언을 해주지 않았을까요.

## 5 음악이 과학을 만날 때

### 서양 음악의 기본 12음계

우리의 일상은 음악과 함께 한다고 해도 과언이 아닙니다. 스마트폰 벨소리도 간단한 음악이고, 라디오 채널은 다양한 노래와 음악을 들려줍니다. 음악 없는 드라마와 영화는 상상하기도 어렵습니다. 서양 음악의 바탕을 이루는 12음계에 녹아 있는 과학 이야기를 해보겠습니다.

서양 음악사에서 '도, 레, 미, 파, 솔, 라, 시, 도'로 이루어지는 음계의 탄생 배경에는 다소 복잡한 역사가 있습니다. 기나긴 서양 음악의 역사에서 수많은 시도를 통해 서서히 자리 잡은 것이 우리에게도 익숙한 12음계입니다. 한 옥타브 안에 도, 레, 미, 파, 솔, 라, 시 일곱 개의 음과 그 사이에 다섯 개의 반음이 들어가서 12개의 음을 이룹니다. 예컨대 피아노에도 일곱 개의 흰건반과 다섯 개의 검은건반이 반복되어 배치된 것을 볼 수 있죠.

한국을 비롯한 다른 문화권에서는 그보다 적거나 더 많은 음계의 음악이 존재합니다. 하지만 유럽을 중심으로 한 서양 음악에서는 12개의 음을 이용해 다양한 예술적 표현이 가능하다는 것을 경험적으로 알게 되었고, 여기에 과학적 고찰이 더해져 튼튼한 음악 체계를 이루었습니다.

### 소리 파동

소리와 음에 관한 과학적 접근을 위해서는 진동 혹은 파동을 이해해야합니다. 우리가 듣는 소리는 공기의 진동입니다. 물건을 타격하거나 악기를 연주하면 물체가 순간적으로 주변 공기를 진동시킵니다. 국소적인 공

그림 3-3  **단일 주파수 소리 파동**

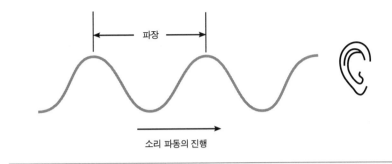

파장

소리 파동의 진행

기의 진동은 주변 공기로 퍼져나가고 마침내 우리 귓속의 고막을 진동시켜 소리를 느끼게 해줍니다.

단일 주파수의 소리를 시각적으로 나타내면 〈그림 3-3〉과 같이 됩니다. 소리 진동이 반복되고 있지요. 이 반복되는 최소 단위의 길이를 파장이라 고 합니다. 그리고 1초 동안에 아래위로 진동하는 횟수를 진동수 혹은 주 파수라고 합니다. 예컨대 440헤르츠(Hz)라고 하면 1초에 440번 진동하는 소리이고 음악에서는 '라' 음에 해당합니다. 오케스트라 공연 시작 전에 악 기들이 서로 조율하는 소리를 들어보셨지요. 그 음이 바로 '라' 음이고 440헤 르츠의 소리입니다. 높은 음은 높은 진동수를, 낮은 음은 낮은 진동수를 가 지고 있습니다. 파장과 진동수는 서로 반비례합니다. 따라서 높은 음은 파 장이 짧습니다.

## 피타고라스 음계와 순정률

서양 12음계의 첫 번째 과학적 접근을 시도한 사람은 피타고라스입니

그림 3-4 **줄을 이용한 소리 실험**

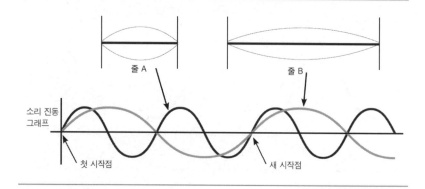

다. 수학에서 배우는 피타고라스 정리를 만든 사람이죠. 당시에는 파장이나 진동수 등의 개념이 지금처럼 체계화되기 전이기 때문에 피타고라스는 조금 더 직관적이고 실험적인 방법으로 접근했습니다.

우선 악기에서 사용되는 탄성이 있는 줄 두 개 A와 B를 준비하여 약간 당겨서 양쪽을 고정합니다. 두 줄은 같은 굵기, 같은 재료로 되어 있습니다. 그리고 장력(줄을 당긴 힘)도 같습니다. 유일한 차이점은 한 줄의 길이가 다른 줄의 절반이라는 점입니다. 줄을 튕기면 〈그림 3-4〉의 점선처럼 줄이 아래위로 진동하며 소리를 냅니다.

피타고라스는 이렇게 만든 줄에서 나온 두 소리가 서로 어울린다는 점을 발견했습니다. 진동수와 파장의 관계로 그 이유를 설명할 수 있습니다. 줄에서 나오는 소리의 파장은 줄의 길이에 비례합니다. 따라서 소리 진동 그래프에서 볼 수 있듯이 줄 A에서 나오는 소리의 파장은 줄 B에서 나오는 소리의 파장의 절반입니다. 그러므로 진동수는 두 배가 되지요. 그래프에서 볼 수 있듯이 첫 시작점에서 진동이 시작된 다음 새 시작점에 이르면 두 진동은 다시 만납니다. 이 패턴은 계속 반복됩니다. 손뼉 치기 실험으로 좀 더 쉽게 이해해 봅시다. 한 사람은 1초에 손뼉을 한 번씩 치고 나머지 한 사람은 2초에 한 번씩 칩니다. 시작할 때 같이 손뼉을 쳤다면 2초에 한 번씩 두 사람의 박수 소리는 만나겠지요. 직관적으로 이 상황은 조화롭다는 느낌이 듭니다. 두 소리음의 파장 비율이나 진동수 비율이 1 대 2가 될 때 두 음이 한 옥타브 차이가 난다고 말합니다. 이를 이용해 시작 음 '도' 음보다 한 옥타브 높은 '도' 음도 만들 수 있습니다.

피타고라스는 한 걸음 더 나아가 줄의 길이 비율이 1 대 2보다 살짝 더 복잡해지면 어떻게 될지 알아보았습니다. 즉 2 대 3의 비율은 어떻게 될까요? 다시 손뼉 치기 실험을 해봅시다. 2초마다 손뼉을 치는 사람과 3초마다 손뼉을 치는 사람은 6초마다 한 번씩 동시에 손뼉을 칩니다. 이것도 직관적으로 나쁘지 않은 조화입니다. 음악에서는 이와 같은 진동수 비율을 가진 두 음을 완전 5도의 관계에 있다고 말합니다. 자연스럽고 부드러운 조화를 느낄 수 있지요. 이는 바이올린이나 첼로 같은 현악기에서도 발견됩니다. 이웃한 현이 서로 완전 5도의 관계인데 이는 우연이 아니고 우리 귀에 듣기 좋은 음계를 만들어가는 과정에서 자연스럽게 나타난 악기제작법이라고 볼 수 있습니다. 이제 시작 음 '도'와 완전 5도 관계에 있는 음인 '솔'을 찾았습니다.

피타고라스는 '솔' 음에서 다시 완전 5도 올라가서 음을 찾았는데 그것은 이미 찾은 높은 '도' 음보다 높아서 한 옥타브를 낮추었습니다. 이렇게 찾은 음이 '레'입니다. 이런 방식으로 한 옥타브에 있는 12음을 모두 찾을 수 있습니다.

그런데 문제가 있습니다. 피타고라스 방법에서 높은 '도'와 완전 5도 관계인 '파' 음을 찾으면 낮은 '도' 음과는 3 대 4의 진동수 비율을 이루어 매우 조화롭게 들리지만, '시' 음에서 완전 5도를 이용해 찾은 '파' 음과는 미세한 차이가 있습니다. 즉 음 사이의 진동수 비율이 들쭉날쭉했던 것이죠. 두 음 사이의 간단한 조화에서 시작했지만 다 만들어보니 비율이 균등하지 않은 음계가 나온 것입니다. 이것을 극복하기 위해 비율 3 대 4를 추가하여 만든 음률 체계가 서양 음악에는 오랫동안 사용되었는데 이것을 순정률이라고 부릅니다.

순정률의 음 간격도 완벽하지는 않습니다. 어떤 음에서 한 옥타브 높은 음까지 올라갈 때 12개의 반음을 거쳐 올라가야 하는데 동일한 정수 비율을 12번 곱해서 진동수가 두 배 되는 음까지 도달할 수는 없기 때문입니다. 수학적으로 표현하면 어떤 수의 12제곱이 2가 될 때 이 미지의 수는 무엇인지를 찾는 문제입니다. 정수 비율, 즉 유리수에서는 답이 없습니다.

## 순정률에서 평균율로

간단한 음악에서는 순정률이 크게 문제되지 않습니다. 현재 우리가 사용하는 12음계 체계와 비교해서 들었을 때 곡에 따라서는 구별하기 어려울 수도 있습니다. 하지만 순정률의 치명적인 단점은 조바꿈에서 발견됩니다. 노래방에서 음정이 너무 높은 노래를 몇 키 낮춰 불러본 경험이 있으실 겁니다. 이것이 조바꿈인데 키를 바꾸어도 어색하지 않게 같은 노래처럼 들리는 이유는 음정 간 진동수 비율이 일정하기 때문입니다. '도'와 '레'가 한 음 차이이고 '레'와 '미'가 한 음 차이이지만, 순정률에서는 '도'와 '레'

사이의 주파수 비율과 '레'와 '미' 사이의 주파수 비율이 미세하게 다릅니다. 그래서 조바꿈을 하면 자연스럽게 들리지 않습니다. 노래방에서의 조바꿈이 자연스러운 이유는 우리가 순정률이 아닌 다른 체계, 즉 평균율을 쓰기 때문입니다.

17세기 말경 유럽 음악에서 여러 조성을 한 곡 안에서 사용하기 위해 고안해 낸 것이 평균율입니다. 순정률의 2 대 3과 3 대 4의 주파수 비율에서 벗어나 이웃한 음 간의 주파수 비율을 일정하게 만든 것입니다. '도' 음에서 시작했을 때, 이 특별한 비율을 12번 반복하면 한 옥타브 높은 '도'에 도달해야 하고, 이를 수학적으로 풀면 특별한 비율 1 대 1.0595가 나옵니다. 음악에서의 황금비율이라 불릴 만한 것이죠. 이 평균율을 쓰면 완전 5도 관계의 두 음은 더 이상 2 대 3의 주파수 비율이 아니라 2 대 2.996614가 됩니다. 조바꿈의 자유를 누리기 위해 지불해야 할 비용으로는 대수롭지 않습니다.

작곡가 바흐는 그의 작품 『평균율 클라비어 곡집』에 12음계에서 가능한 장조 12개와 단조 12개를 이용한 곡들을 남겼고, 이는 평균율의 확립과 확산에 크게 기여했습니다. 익숙한 곡들이 많으니 한번 찾아 들어보시길 권합니다.


## 악기의 음색을 만드는 배음

악기 소리나 노랫소리가 특정 높이의 음정을 나타낼 때 그것은 사실 여러 높이의 복잡한 음정이 섞인 소리입니다. 어떻게 무슨 성분들이 섞이냐에 따라 다른 음색을 나타냅니다. 이 소리의 섞임과 관련하여 악기에서 중요한 것이 배음(overtone)입니다. 〈그림 3-4〉를 설명하면서 소리의 파장과 줄의 길이가 비례한다고 했는데요, 더 정확하게는 소리의 파장이 줄 길이의 두 배입니다. 실제 악기에서는 줄 길이 두 배의 파장을 가지는 소리 이외에 줄 길이와 같은 파장의 소리도 나고 줄 길이의 3분의 2의 파장을 가진 소리 등 여러 소리가 납니다. 파장과 진동수가 반비례한다는 사실을 대입해보면 줄에서 나는 소리의 진동수는 주된 소리에서 시작하여 그 위로 여러 옥타브의 같은 음이 나온다는 것을 알게 됩니다. 이 소리의 어우러짐이 조화로울 때 우리는 음이 듣기 좋다고 느낍니다. 고가의 명품 악기들이 그 어우러짐을 멋지게 만들어내기 때문에 인기가 있는 것입니다.

### 디지털 녹음 기술

음악을 디지털 기기로 녹음할 때도 과학적 지식이 매우 유용합니다. 디지털 영상이 짧은 시간에 수많은 사진을 한 장 한 장 찍은 것이듯이 디지털 녹음도 순간순간 소리 정보를 취합합니다. 아날로그 녹음과 달리 디지털 녹음은 샘플링이라는 과정을 거칩니다. 정보를 센서로부터 읽는 작업을 샘플링이라고 하는데, 소리 샘플링은 매우 조밀하게 이루어져야 합니다. 1초에 수만 번 샘플링이 되어야 우리가 듣기에 무리가 없는 음원을 만들 수 있습니다. 왜 조밀한 샘플링이 필요할까요?

앞에서 이야기했듯이 소리는 진동입니다. 간단한 진동파 하나를 생각해봅시다. 그리고 이 파동이 삼각함수 sin으로 표현되었다는 가정도 덧붙이겠습니다. 이 파동을 디지털 기기로 측정하면 정해진 시간마다 띄엄띄엄 샘플링하게 됩니다. 측정을 마치고 나면 샘플링한 정보(그림에서 × 표시)만

그림 3-5  **소리 신호의 샘플링과 복원의 한계**

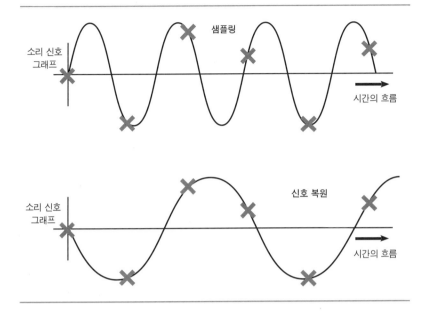

우리에게 남습니다. 이것을 이용하여 다시 소리를 만들 수 있을까요? 복원
하려는 소리 파동이 삼각함수 sin이었다는 사실을 이용하더라도 〈그림
3-5〉처럼 파장이 더 큰 파동으로 복원할 가능성이 남아 있습니다. 이것을
피하려면 더 촘촘하게 샘플링해야 합니다.

이것을 이론적으로 정리해 놓은 것이 나이퀴스트-섀넌(Nyquist-Shannon)
표본화 정리입니다. 소리와 같은 어떤 진동 신호가 있을 때 샘플링 후 복원
하고 싶은 주파수가 있다면 그 두 배의 속도로 샘플링해야 한다는 정리입
니다. 예를 들어 어떤 소리 신호가 있을 때 440Hz까지 녹음하고 싶다면
880Hz 샘플링, 즉 1초에 880번 샘플링해야 원하는 440Hz까지의 음을 복
원할 수 있습니다.

사람이 들을 수 있는 소리의 가장 높은 주파수는 대략 2만 Hz이며 그 이상 올라가면 초음파 영역이어서 들을 수 없습니다. 우리가 녹음·재생하는 음악을 위해서 이 이상의 주파수를 포함할 필요는 없겠죠. 나이퀴스트-섀넌 표본화 정리에 따라 2만 Hz의 두 배인 4만 Hz의 샘플링 속도, 다시 말해 1초에 최소 4만 번 이상 소리 정보를 읽어야 한다는 뜻입니다. 그래서 음악 CD의 경우 4만 4100Hz의 샘플링 속도가 표준으로 정해졌습니다.

인터넷 화상 채팅을 할 때 상대방의 목소리가 조금 이상하게 들리는 경험을 가끔 하게 됩니다. 인터넷 연결이 원활하지 않을 경우 샘플링 속도가 떨어지기 때문입니다. 연결이 좋을 때는 4만 8000Hz 정도 되기 때문에 매우 선명한 소리를 들을 수 있지만, 경우에 따라서는 1만 Hz까지도 떨어질 수 있습니다. 결과적으로 이 샘플링 속도의 절반인 5000Hz 이상의 소리는 전달할 수 없게 됩니다.

과학기술은 언제든 음악을 들을 수 있게 해주었습니다. 비록 음악회 현장에서 듣는 악기 소리, 노랫소리에 견줄 바는 못 되지만 CD로 듣는 클래식, 인터넷으로 듣는 가요 한 소절은 늘 우리에게 큰 즐거움을 줍니다.

## 6 논문을 쓴다는 것

연구 기관이나 대학에서 연구를 직업으로 하는 사람들이 한 번쯤 듣게 되는 글귀가 하나 있습니다.

"Publish or perish."

출판(publish)하지 않으면 도태(perish)된다는 뜻으로 여기서 출판은 논문을 써서 학회나 논문집에 발표하는 것을 말합니다. 연구 성과를 꾸준히 만들어내어 논문으로 계속 발표해야 하는 것이 연구직의 숙명입니다.

2005년 겨울, 한국 사회를 충격으로 몰아넣었던 황우석 논문 조작 사건을 기억하실 겁니다. 조작된 사진과 결과로 만든 논문을 세계적으로 유명한 논문집 ≪사이언스≫에 발표한 사건이었습니다. 가끔 고위 공무원 후보자나 국회의원의 논문 표절 사건이 뉴스에 오르내리기도 하지요.

### 논문 작성, 제출, 심사는 어떻게 이뤄질까?

논문은 크게 나누어 학회 논문과 저널 논문이 있습니다. 학회 논문은 컨퍼런스, 즉 학술대회에 발표되는 논문입니다. 제출된 논문이 심사를 통과하면 학술대회에 저자들이 모여 각자의 연구 성과를 발표하고 토론합니다.

저널, 즉 논문집의 경우는 제출과 심사를 거쳐 책자 형태로 출판됩니다. 연구 분야에 따라 차이는 있지만 저널 논문은 대개 학회 논문보다 더 높은 수준이 요구되기 때문에 연구 실적 평가에서는 저널 논문을 더 중요하게 간주합니다.

학계에서는 논문집 서열의 척도를 만들어놓았는데 피인용 지수 혹은 임팩트 팩터(impact factor)라고 부릅니다. 해당 논문집에 나온 논문들이 얼마나 많이 인용되었는지를 숫자로 계산한 것입니다. 대중에게도 많이 알려진 ≪사이언스≫, ≪네이처≫와 같은 논문집은 매우 높은 피인용 지수를 자랑합니다. 이러한 논문집은 논문 심사를 통과하기 매우 어렵습니다.

논문을 제출하면 논문집의 편집자 그룹이 심사를 진행합니다. 대부분의 경우 논문의 편집자 그룹은 해당 분야의 교수들이나 연구직 종사자들이 맡습니다. 이들은 제출된 논문을 평가해 줄 만한 외부 평가자(리뷰어라고 부름)를 물색합니다. 주로 대학에 있는 교수들이나 박사급 연구자들이 리뷰어로 선정됩니다.

논문집의 편집자 그룹은 총책임 편집자와 행정 인원 몇몇을 제외하면 대부분 봉사직으로 일을 합니다. 리뷰어들도 마찬가지여서 심사를 해주고 대가를 받는 경우는 거의 없습니다. 학계를 유지하고 발전시키려는 순수한 마음으로 봉사를 하는 것입니다. 또한 금전적 대가가 오가지 않기 때문에 더 공정한 심사가 가능합니다.

심사 과정은 때때로 일반 대중의 상상과 다를 수 있습니다. 막대한 연구비와 시간을 들여 만들어낸 연구 성과를 10쪽 남짓한 논문으로 집약해서 제출하는데 심사하는 입장에서 검증을 위해 비슷한 비용과 시간을 들일 수는 없습니다. 이것이 바로 최고 수준의 연구윤리와 학자의 소명 의식이 요구되는 이유입니다.

황우석 사태에서처럼 연구자가 마음먹고 심사 과정의 맹점을 악용하려 들면 논문 심사자들은 이를 걸러내지 못할 수도 있습니다. 황우석 그룹은 동물 복제 등의 성공 사례로 인지도가 있었고, 논문 심사 과정에서 그러한 부분도 작지만 작용했을 것으로 예상됩니다. 학계를 뒤흔들 만한 큰 성과일수록 과연 그런 성과가 나올 만한 연구 그룹인지 리뷰어들이 들여다볼 수밖에 없으니까요.

리뷰어들의 윤리의식도 매우 중요합니다. 학문적으로 경쟁 관계에 있는 사람의 논문을 심사할 수도 있기 때문에 사적 이해관계를 배제하고 오로지 학문적 양심에 따라 심사를 해야만 합니다.

## 제1저자, 그것이 궁금하다

2019년, 한국 정치권에서 제1저자 문제가 큰 관심거리가 된 적이 있습니다. 제1저자는 저자 목록의 첫자리를 차지하며 '이 논문과 연구 결과를 위해 가장 많은 일을 한 사람은 저입니다'라는 뜻이 있습니다. 암묵적 합의이긴 하지만 누가 실험을 주도했고 가장 많은 시간을 투자했으며, 논문 구석구석의 문장과 문구들을 꼼꼼하게 직접 쓰고 편집했는지에 따라 제1저자가 결정됩니다.

그러다 보니 연구 경력을 쌓아가기 시작하는 사람들, 즉 대학원 학생이나 박사 후 연구원, 특히 교수직이나 연구직에 지원한 사람들에게는 제1저자로 된 논문이 몇 개인지가 매우 중요한 실적 지표가 됩니다. 그래서 제1저자 자리를 놓고 불편한 일이 생기기도 합니다.

필자가 유학하던 학교는 의과대학으로도 유명했는데 그곳에는 한국 유학생들도 많았습니다. 의과대학이라고 해서 꼭 의사와 의과생만 있는 것은 아닙니다. 의학을 떠받치고 있는 수많은 학문, 즉 생물학, 생화학, 보건, 정책 등에 대한 연구 활동도 매우 활발합니다. 그런 분야의 학생들이 자주 겪는 문제 중 하나를 소개하겠습니다.

의과대 연구들은 긴 시간 동안 생물 실험을 하여 데이터를 축적하고 그것을 기반으로 가설을 검증하는 일이 많은데, 얻은 데이터가 예측했던 방향과 너무 다르면 결론을 내지 못하고 연구가 지연되는 경우가 많다고 합니다. 그런데 경우에 따라 그 긴 실험을 진행한 연구자는 실험 세팅과 수행에 지쳐 큰 그림을 못 보고, 같은 실험실 동료가 전체 연구의 방향을 살짝 바꿔 더 좋은 큰 그림으로 논문이 완성되는 경우가 있습니다.

이때 누구를 제1저자로 할 것인지 논란이 생길 수 있습니다. 몇 개월 동안 실험한 연구자의 노고를 인정해야 하지만, 만약 동료의 기여가 없었다면 논문을 작성하지 못했을 수도 있기 때문이죠. 특히 이런 경우 동료가 조금 욕심을 내면 상황이 더 어려워지기 때문에 실험실을 운영하는 담당 교수의 역할이 중요합니다.

제 주변에서도 비슷한 일이 일어난 적이 있습니다. 연구자 A는 논문 작성 경험이 많았고, 연구자 B는 실험의 대가였습니다. 서로 제1저자에 관해 미리 논의하지 않고 연구를 진행하는 바람에 논문을 제출할 때 제1저자 자리를 놓고 두 사람이 크게 마음고생을 했습니다. 비록 과학적·공학적 진실을 찾아가는 것이 이공계 연구자의 최고 목표이지만, 그 과정도 사람이 하는 일이어서 어쩔 수 없이 이런 힘든 일이 벌어지기도 합니다.

연구와 논문 작성이 가능하려면 연구 주제와 연구비가 마련되어야 하죠. 이것을 대부분 책임교수 혹은 지도교수가 담당합니다. 그들의 이름은 주로 저자 목록에서 제일 마지막에 위치하며, 교신 저자라는 명칭으로 실립니다. 논문에 대해 논의하려면 교신 저자와 연락하라는 의미입니다.

책임교수가 연구와 논문의 큰 그림을 그리기 때문에 대부분 저자 순서는 책임교수가 결정합니다. 많은 경우는 앞에서 말씀드린 암묵적인 합의에 따라 그 논문을 위해 물리적으로 일을 가장 많이 한 사람(대부분 연구원이나 박사과정 학생)에게 제1저자 자리를 줍니다. 하지만 이것도 경우에 따라 일반적인 순서와 다를 수 있습니다. 다만 그런 경우라도 다른 공

저자들이 불만 없이 동의할 수 있어야 합니다. 연구자 사이의 예의라고 할 수 있지요.

논문으로 연구 결과를 발표하는 것의 출발점은 겸손함이 아닌가 생각합니다. 인류가 아직 알아내지 못한 지적 발견을 위해 한 걸음씩 나아가며 그 발걸음을 논문으로 남기고 그 누군가 나의 발자취에서 시작하여 내가 내딛지 못한 새로운 한 걸음을 내디뎌 주기를 바라는 그런 순수하고 겸손한 마음을 논문을 쓰는 모든 연구자가 갖췄으면 좋겠습니다.

## 고등학생에게 논문이 필요할까

앞에서 짧게 언급한 대로 고등학생이 논문에 제1저자로 이름을 올린 일 때문에 2019년 여름, 한국의 정치권이 매우 시끄러웠습니다. 아무리 간단하고 학문적 기여도가 높지 않은 논문이었다고 하더라도 논문 작성에 가장 많은 물리적 노력을 한 사람을 제1저자로 한다는 학계의 암묵적 합의를 되뇌어 본다면 개운하지 않은 것은 사실입니다.

이 문제는 한국의 교육 현실, 특히 입시 정책과도 맞물려 있습니다. 필자가 대학을 갈 때만 해도 대부분 수학능력시험을 본 뒤 지원한 학교에 따라 본고사를 보고 합격 여부를 통지받았습니다. 하지만 지금은 셀 수도 없을 정도로 다양한 전형 방식이 있고, 방식마다 전략도 달라야 한다고 합니다.

이렇게 입시 전형이 바뀐 데는 나름의 이유가 있었을 것입니다. 학력고사와 수능시험의 차이를 직간접적으로 겪은 필자는 수능이 좀 더 발전된 형태의 사고력에 방향성을 맞추고 있다는 점에 동의하지만, 어쨌든 학력고사 시절에도, 수능 시절에도 이른바 시험 잘 보는 학생이 좋은 대학에 갈 가능성이 높았습니다. 하지만 우리나라도 선진국을 따라가기만 하는 나라에서 벗어나 세상에 없는 것을 만들어내는 인재를 길러야 한다는 목표를 생각해 보면 단순 암기나 반복 학습으로 얻은 시험 성적만을 목표로 하는 시스템은 분명 한계가 있습니다. 공교육이 무너지고 시험 성적 올려주는 사교육이 거대해지는 문제도 입시 전형 변화에 큰 영향을 미쳤으리라 생각됩니다.

결과적으로 지원자의 다양한 과외 활동이 대학 합격에 영향을 주는 입시 전형이 생기기에 이르렀지요. 한국의 과열된 입시 경쟁은 사실 입시 전형을 바꾼다고 사라지지는 않을 것 같습니다. 그만큼의 에너지가 다른 곳에서 다른 방식으로 분출될 테니까요.

고등학교 제1저자 사건도 이런 환경에서 나온 사건이라고 생각합니다. 주어진 테두리 안에서 지원자의 역량을 보여줄 수 있는 모든 것을 끌어모아 지원서에 적은 것이죠. 사실 이런 부분은 미국에서도 쉽게 발견됩니다. 필자가 15년 이상 보아온 미국의 대입 시스템은 한국보다 느슨하고 느긋한 듯 보이지만, 이른바 유명하고 명망 있는 대학의 입시에서는 한국 못지않은 치열함이 엿보입니다.

예를 들면 제가 재직 중인 대학의 경우만 해도 여름에 뜻이 있는 인근 고등학교 학생들을 선발해 대학 내 연구실에 배치하여 연구 경험을 쌓는 프로그램이 있습니다. 물론 연구 경험을 해볼 수 있다는 점이 첫 번째 장점이 겠으나 해당 프로그램을 이수했다는 것을 입시 원서에 기술할 수 있고 프로그램을 통해 작은 논문이라도 나왔다면 당연히 입시 원서에 이를 강조해 쓸 것입니다. 문제는 이러한 기회가 얼마나 모두에게 열려 있느냐와 얼마나 공정하게 굴러가느냐겠지요.

## 때로는 전문가에게 맡겨두는 여유를

한국에서는 연구윤리에 관한 법률과 규정이 다른 선진국에 비해 조금 늦게 정착되었습니다. 황우석 사태를 뼈아프게 겪었지만, 그 이후로 제도가 마련되고 사회적으로도 큰 공감대가 형성되었습니다. 또 대부분의 대학이 교과 과정에 연구윤리 강좌를 개설해 놓고 있습니다.

황우석 그룹의 논문 조작이 한 방송 프로그램에서 고발 형식으로 알려진 직후, 필자를 포함한 대중의 첫 반응은 '설마 그렇게까지 했을까'였습니다. 전 국민의 관심과 지지를 받고 있었고 국가 차원의 지원도 약속받은 상황이었으니까요. 시간이 지나 결국 황우석과 그 주변의 인물들이 연구윤리를 어긴 사실이 많이 밝혀지면서 방송국의 폭로가 정의로운 행동이었음이 입증되었습니다.

물론 방송국의 용기 있는 결정이 자칫 더 커질 수 있었던 혼란을 미리 막는 역할을 한 것은 사실입니다. 하지만 이러한 우리의 경험 때문에 대중이 학계를 보는 시선은 매우 차가워졌고, 대중의 기대에 미치지 못하는 학계의 모습을 조목조목 비난하게 되는 부작용을 낳은 것도 사실입니다.

그 예로 논문 표절 시비를 들 수 있습니다. 우리나라 정치권에는 논문 표절 시비가 끊이지 않습니다. 사회과학 분야는 순수과학 분야와 많이 달라서 아울러 논하기에는 어려움이 있지만, 가끔 이공계 논문까지 불합리한 논리로 표절 시비에 휘말리는 것은 좀 안타깝습니다.

논문에서 기존 이론을 이용해 어떤 문제를 풀었다면 원칙적으로는 기존

이론이 발표된 논문을 인용해야 합니다. 하지만 인용하지 않아도 크게 문제가 되지 않는 경우도 많습니다. 예컨대 기계공학 논문에서 만약 뉴턴의 역학 법칙 $F = ma$를 사용하여 어떤 문제를 풀었다면 뉴턴의 역학 법칙이 저자의 업적이 아니므로 원칙에 따라 1687년에 뉴턴이 발표한 『자연철학의 수학적 원리(Philosophiae Naturalis Principia Mathematica)』, 속칭 '프린키피아'를 인용해야 합니다. 하지만 인용 없이 썼더라도 학계에서 충분히 받아들여집니다. 우선 뉴턴의 역학 법칙은 이미 확고한 사실로 모두가 알고 있고, 그 누구도 그것을 자기 것이라고 주장할 사람은 없을 것입니다. 만약 단순히 $F = ma$를 사용하면서 굳이 프린키피아를 인용한 논문을 필자가 보게 된다면(물론 그것도 문제 될 것은 없지만) 왜 저자가 이 당연한 역학 이론을 사용하면서 출처를 표시했는지 의아해할 것 같습니다.

비슷한 일로 신문 정치면이 시끄러운 적이 있었습니다. 한 정치인이 과거에 쓴 의학 관련 논문에서 어떤 생명 현상을 통계물리학적으로 해석하면서 볼츠만 공식을 사용했습니다. 그런데 참고 문헌에 볼츠만 공식을 다룬 논문이 없었던 것입니다. 만약 저자가 볼츠만 공식을 교묘하게 자기 것이라고 주장을 했다면 납득할 수 있는 지적이지만 통계물리학에서 가장 중요한 공식인 볼츠만 공식을 사용했는데 인용 처리를 하지 않았다고 비난하는 것은 지나친 지적입니다.

학계에는 연구윤리 위반 사례가 많이 있습니다. 그래서 늘 조심하고 경계해야 합니다. 모든 전문 분야는 나름의 논리적인 구조와 합리적인 일 처리 방식이 존재합니다. 때로는 대중의 눈으로 보기에 문제가 있어 보이지만, 착시인 경우도 많습니다. 작은 바람이 있다면 논문과 관련된 검증이 사회 이슈로 떠오를 때 잠시 전문가들이 판단할 시간을 주면 좋겠습니다.


## 7 0과 1로 만든 기술, 디지털


디지털이라는 말이 사용된 지도 수십 년이 지났습니다. 너무 익숙해져 버린 탓인지 무슨 뜻인지 정확히 말하기도 쉽지 않습니다. 컴퓨터와 밀접한 관계가 있다는 정도는 확실한데 말이죠. 컴퓨터나 스마트폰 없이는 이제 하루도 살 수 없는 세상이 되었습니다. 그만큼 세상은 이미 디지털 세상이 되었습니다.

디지털이라는 말은 디지트(digit)에서 나온 말로 숫자의 자릿수를 뜻합니다. 구체적으로는 자릿수의 최소 단위인 한 자리 숫자, 그중에서도 가장 간단한 0과 1로 이루어진 숫자 체계에 기반을 두고 있습니다. 잘 알려진 대로 컴퓨터는 0과 1로만 구성된 숫자 체계를 기반으로 만들어진 전자 기기입니다. 그것은 우리에게 익숙한 10진법이 아닌 2진법의 세계입니다. 우리가 컴퓨터를 통해 2진법의 세상, 즉 디지털의 세계를 발명해 낸 것은 꽤 의미 있는 사건입니다.

현대를 정보화 사회라고 합니다. 여기서 말하는 정보는 단순한 물품의 가격 정보라든가 유명 맛집 정보를 뛰어넘어 인류가 만들어내는 생산물 중 자료화할 수 있는 모든 것을 뜻합니다. 자료화하여 정리해 놓은 것을 콘텐츠라고 부르고 이를 주고받는 것을 통신이라고 합니다. 콘텐츠 전송에는 전달매체가 필요하겠죠. 이것이 미디어(매체 혹은 매개체)입니다. 미디어라고 하면 신문, 방송, 뉴스 등을 떠올리기 쉽지만, 여기서는 좀 더 본질적이고 근간을 이루는 매개체를 생각해 봅시다.

## 정보 매개체의 발전

체코 출신의 미디어 철학자 빌렘 플루세르(Vilém Flusser)는 미디어의 변화 단계를 차원의 개념에 대응시켰습니다. 아주 옛날에는 문자 언어가 없어서 신에게 복을 빌거나 후대에게 메시지를 남길 때 조각물을 이용했습니다. 3차원적이고 시간적으로 고정된 형태의 조각물을 매개체로 정보를 저장하고 전달한 것입니다. 만드는 데 시간이 많이 필요하고 먼 거리로 보내기도 힘듭니다.

그러다가 벽에 그림을 그리기 시작합니다. 2차원의 매개체를 쓰기 시작한 것입니다. 문자언어의 발명은 참으로 획기적입니다. 2차원의 그림에서 한 차원 더 낮아져서 1차원의 선들을 사용해서 정보를 담을 수 있게 되었습니다. 개별 문자 하나하나의 뜻은 희박해지고 연결했을 때만 의미가 있습니다.

예컨대 영어의 d나 p, 한글의 지읒이나 시옷 등 각각은 의미가 없습니다. 단어를 만들었을 때만 의미가 생기죠. 그림이나 조각의 경우는 그것 자체로 의미가 고정되어 있어 언어처럼 재조합해서 새로운 것을 창조하기 어렵습니다.

이런 맥락에서 보면 디지털 세상의 출현은 필연으로 보이기도 합니다. 문자가 1차원의 정보 매체라면 그다음은 0차원입니다. 기하학적으로는 점이죠. 점 하나로 나타낼 수 있는 정보는 점이 '있다'와 '없다' 두 가지입니다. 즉 0과 1로 이루어진 2진법의 세상이죠. 점의 개수를 늘려서 다양한 조합을 만들 수 있고 이러한 조합을 통해 숫자를 저장하고 계산하는 것이 컴퓨터입니다. 문자에 2진법 숫자를 할당하여 문자를 저장·전송할 수도 있습니다.

디지털 세상의 특징 중 하나는 정보를 저장하거나 전송할 때 정보의 변형을 방지할 수 있다는 점입니다. 2진법의 0과 1은 컴퓨터 속에서는 전류의 끊어짐과 흐름 두 가지로 명확히 구별됩니다. 통신에서도 신호가 '있다'와 '없다'로 양분되기 때문에 오류가 적습니다.

이는 아날로그 TV와 디지털 TV를 생각해 보면 쉽게 구별됩니다. 아날로그 시절에는 안테나를 이리저리 돌려가며 방송 신호를 잡곤 했습니다. 안테나 방향에 따라 잘 나오기도 하고 노이즈 섞인 화면이 나오기도 합니다. 디지털 TV에서는 방송이 깨끗하게 나오거나 전혀 안 나오거나 두 가지 상황만 가능합니다. 아날로그 TV는 그 두 가지 상황의 중간 단계가 다양하게 존재합니다. 디지털에서는 통신이 성공하면 송신된 신호를 수신부에서 완벽하게 똑같이 재현할 수 있습니다. 아날로그는 그렇지 않습니다. 특히 무선 통신이라면 완벽한 재현이 더 어렵습니다.

디지털 세상에서 볼 수 있는 또 하나의 특징은 영상이나 소리 등의 물리적 정보가 양자화(quantization)를 거쳐 수치화된다는 점입니다. 어렵게 들리지만 간단한 특징입니다. 디지털 카메라 촬영을 생각해 봅시다.

디지털 영상은 픽셀이라고 불리는 수많은 점으로 구성됩니다. 각 점은 색깔을 나타내는 값을 가지는데 이 값은 연속적이지 않습니다. 예컨대 검은색과 하얀색 사이에는 무수히 많은 중간 단계의 회색이 존재합니다. 디지털 영상에서는 이 중간 단계를 유한개로 정해놓았습니다.

디지털 영상의 장점은 색깔 종류의 수가 유한하기 때문에 데이터의 저장과 전송 시에 변형이 없다는 점입니다. 유한개의 단계라고는 하지만 요즘 사용되는 디지털 영상의 색깔 수는 무려 1600만 개가 넘기 때문에 눈으로 구별 가능한 개수를 넘습니다.

예전에는 전화 통화도 아날로그 시스템을 기반으로 했기 때문에 소리가 많이 변형되고 목소리 이외의 음악이나 복잡한 소리는 잘 전달되지 않았습니다. 기존의 아날로그 전화 시스템을 모두 디지털로 바꿀 수는 없기 때문에 아직도 전화 통화 소리는 깨끗하지 않을 때가 많습니다. 통신 업체가 디지털 통화를 지원하는 경우가 있는데, 이를 이용하면 매우 깨끗하고 선명한 통화 소리를 들을 수 있습니다.

정보를 다루는 그릇은 디지털이라는 매우 단순한 형태로 바뀌었습니다. 하지만 그 단순함이 주는 효율 덕분에 오히려 우리는 더 높은 차원, 즉 2차원이나 3차원의 정보를 더 많이, 더 쉽게 접할 수 있게 되었습니다. 20세기 대부분을 우리는 문자를 통해 정보를 교환했습니다. 책을 많이 읽으라고 교육받으면서 자랐습니다. 하지만 디지털 시대에는 이미지를 만드는 것도, 영상을 제작하는 것도 과거에 비해 훨씬 쉬워졌습니다. 유튜버라는 직업이 생길 정도로 누구나 영상을 만들어 지구 반대편에 있는 사람에게 보여줄 수 있습니다.

정보 매개체의 차원이 계속 낮아졌다는 점은 철학에서 말하는 환원주의를 떠올리게 합니다. 환원주의는 복잡하고 높은 단계의 사상이나 개념을 하위 단계의 요소로 세분화하여 명확하게 정의할 수 있다고 주장하는 견해를 말합니다. 간단히 말하면 전체를 한꺼번에 분석하고 해석하기 어려울 때, 그 구성 요소를 따로따로 들여다보면 전체까지도 알아낼 수 있다는 생각입니다. 과학자들은 환원주의에 따라 더 근본적인 물질의 구성 요소를 찾으려 노력했고, 결국 기본단위인 원자까지 찾아냈습니다. 이러한 환원주의의 반대편에 전일주의가 있습니다. 비록 전체가 부분적인 요소로 이루어지는 것은 맞지만 부분의 성질이 전체에서 다르게 나타날 수 있기 때문에 전체로서의 의미가 따로 존재한다는 관점입니다. 이 또한 과학에서 쉽게 발견됩니다. 수소와 산소는 상온에서 기체이지만 둘이 합쳐져서 액체인 물이 되고, 물에서는 더 이상 산소와 수소의 성질을 찾아보기 어렵습니다. 마치 디지털이라는 단위를 이용해 전혀 새로운 차원의 이미지와 영상을 만들어내는 것과 비슷해 보입니다.

## 새로운 디지털 세계가 열릴까?

2019년 여름, 울산과학기술원의 김경록 교수 연구 팀이 3진법 반도체를 개발한 것이 화제가 되었습니다. 기존 반도체는 0과 1 두 개의 상태를 다루는 데 탁월했고 이것이 디지털 시대를 여는 출발점이 되었습니다. 반도체 구조가 미세화되고 집적도는 계속 증가면서 전자의 흐름이 예상과 달라져 누설 전류 발생이 문제가 되고 있습니다. 김경록 교수 연구 팀이 개발한 3진법 반도체는 이 누설 전류를 피하거나 버리지 않고 적극적으로 이용해 반도체가 세 가지 상태를 능동적으로 사용하게 만들었다고 합니다. 즉 0과 1 이외에 하나의 상태를 추가로 다룰 수 있습니다. 결과적으로 발열이나 에너지 효율을 개선할 수 있을 것으로 예상됩니다. 삼성과 손잡고 개발에 성공한 이 반도체는 기존 반도체 공정과 재료를 그대로 사용했다는 점에서도 주목할 만합니다. 새로운 설비를 다시 만들 필요도 없고 지금까지 쌓은 공정 기술을 그대로 사용할 수 있으니까요.

하지만 3진법 반도체가 기존의 2진법 반도체를 대체할 수 있을지는 미지수입니다. 모든 논리 회로를 새로 구성해야 하고, 또한 기존의 디지털 시스템에 비해서 얼마나 확실한 이점이 있는지 검증되어야 하겠죠. 기술의 발전이 때로는 이렇게 전자 소자 개발에서부터 시작하기도 하니 3진법 반도체의 미래가 새로운 디지털 시대에 재미있는 관전 포인트가 될 것 같습니다.

## 8 실패할 수 있는 용기

추진하는 프로젝트나 개발하는 제품이 실패하면 어쩌나 하는 걱정이 어느 기업에나 있기 마련입니다. 그러한 걱정을 극복하고 새로운 제품이나 서비스를 만들어내면 더 큰 열매를 얻을 수 있는 것이 기업 경영의 매력이기도 하지요.

### 포스트잇의 탄생 비화

이제는 생활필수품이 된 3M사의 포스트잇은 실패를 거름 삼아 탄생한 제품입니다. 50여 년 전, 3M사에서는 강력한 접착제를 개발 중이었습니다. 시행착오 과정에서 접착력이 약하고 끈적임이 덜한 접착제를 만들기도 했습니다. 이 실패한 결과물을 사내 기술 세미나에 발표했고 이것을 눈여겨본 동료 연구원이 연구를 거듭해 1977년에 포스트잇을 세상에 내놓게 됩니다.

실패한 접착제를 계속 연구할 수 있었던 것은 3M 회사의 15% 규칙 덕분이었습니다. 3M사는 근무 시간의 15%를 연구원들이 자유롭게 원하는 연구를 할 수 있도록 지원한다고 합니다. 그 연구는 실패할 수도 있습니다. 하지만 실패할 기회를 제공함으로써 더 큰 결과를 얻을 수 있다는 발상의 전환이 포스트잇을 가능하게 했습니다.

### 실패하는 만큼 성공하는 구글

성공 가도를 달리는 구글에도 사실은 수많은 실패한 프로젝트가 있었습니다. '구글의 무덤' 정도로 번역될 수 있는 The Google Cemetery라는 웹사이트에는 지금까지 구글이 시도했다가 포기했거나 조만간 포기할 프로젝트들이 전시되어 있습니다. IT 회사답게 구글의 제품은 대부분 컴퓨터 소프트웨어나 스마트폰 관련 서비스입니다. 하지만 구글은 하드웨어 관련 제품으로 크게 두 번 좌절을 경험했습니다. 바로 구글 글래스와 모듈폰입니다.

구글 글래스는 2012년에 소개된 안경 형태의 첨단 디바이스입니다. 증강현실을 통해 사용자에게 원하는 정보를 눈앞에 보여주는 안경이었습니다. 예컨대 이 안경을 쓰고 자동차 운전을 하면 안경에 부착된 장치가 원하는 경로를 눈앞에 영상으로 보여줍니다. 또 환자 몸속을 찍은 의료 영상을 의사가 수술 중에 안경을 통해 볼 수도 있습니다.

하지만 여러 가지 문제로 구글 글래스 개발은 중단되었습니다. 한 가지 예로 이 안경을 쓰고 운전을 하면 정보 영상이 운전자의 시선을 필요 이상으로 가릴 수 있다는 안전 문제가 제기되었습니다. 또 이 안경을 쓰고 동영상 촬영을 할 수 있는데 이것이 사생활을 침해할 수 있다는 우려의 목소리도 나왔습니다. 한동안 이 제품의 개발을 중단했던 구글은 2019년 초, 구글 글래스를 산업용으로 재개발하겠다고 밝혔습니다. 하지만 일반 사용자를 대상으로 했던 첫 시제품에 비하면 매우 뒤로 물러선 모양새입니다.

구글은 2015년에 아라 프로젝트라는 이름으로 모듈 스마트폰 개발 계획을 공개했습니다. 스마트폰을 기능별로 모듈화하여 판매하고 구매자는 필요한 모듈만 사서 조립해 자신에게 딱 맞는 스마트폰을 직접 만들어 사용할 수 있다는 아이디어였습니다. 컴퓨터 프로그램과 같이 보이지 않는 소프트웨어는 기능별로 조각을 내고 재조립하기가 쉽지만 하드웨어는 다릅니다. 조립과 분해를 용이하게 하려면 크기가 커질 수밖에 없죠. 스마트폰의 대성공에는 소형화 기술이 큰 역할을 했는데, 모듈 스마트폰은 그 기본 전제를 거스르는 것이었습니다. 결론적으로 구글은 이 프로젝트를 포기했습니다. 당시 관련 업계의 우려에도 꽤 장시간 이 프로젝트를 추진한 것은 구글이기 때문에 가능하지 않았나 생각합니다.

## 구글이 로봇을 만들면

구글에서 내린 결정 중에 필자가 개인적으로 안타까워하는 것이 하나 있습니다. 로봇 회사 보스턴 다이내믹스를 2016년에 매각한 일입니다. 보스턴 다이내믹스는 2000년대 중반부터 기존의 로봇과 사뭇 다른 개념의 로봇을 만들어 세간의 관심을 받고 있습니다. 2005년에 나온 빅독(BigDog)이라는 사족 보행 로봇은 마치 동물의 다리 네 개를 붙여놓은 것 같은 외모와 사람이 발로 차도 균형을 잃지 않고 걸어가는 능력으로 인터넷 스타가 되었습니다. 그 뒤에 빅독과 비슷한 많은 로봇이 이 회사에서 개발되었는데, 그 배경에는 미국 방위고등연구기획국(DARPA: Defense Advanced Research Projects Agency)의 재정 지원이 있었습니다.

보스턴 다이내믹스는 민간 회사 형태이긴 했지만 연구소의 성격이 강했고 국가의 지원을 받았기 때문에 연구 성과나 결과물이 비교적 학계에 잘 공개되었습니다. 유명한 로봇학회에 가면 보스턴 다이내믹스의 연구 현황을 항상 접할 수 있었습니다. 로봇공학자들에게 이 회사가 인기 있었던 또 다른 이유가 있었는데, 바로 설립자이자 CEO인 마크 레이버트(Marc Raibert) 때문입니다. 애플의 스티브 잡스(Steve Jobs)나 테슬라의 일론 머스크(Elon Musk)처럼 기술에 대한 자부심과 신뢰가 대단하고, 집착에 가까울 만큼 동물이나 사람의 움직임을 닮은 로봇을 만들려는 열정이 강연할 때마다 느껴집니다. 여담이지만 스티브 잡스가 검은색 티셔츠만 고집한 것처럼 레이버트는 항상 꽃무늬 반소매 셔츠 차림으로 등장합니다.

2012년 말에 보스턴 다이내믹스는 구글에 인수되었습니다. 필자는 내심 기대했습니다. 소프트웨어의 최강자 구글과 로봇 기술의 최고봉 보스턴 다이내믹스가 만나면 세상이 깜짝 놀랄 로봇이 나오지 않을까 하고 말입니다. 2016년 구글이 보스턴 다이내믹스를 매각하기 위해 시장에 내놓으면서 필자는 기대를 접을 수밖에 없었습니다. 보스턴 다이내믹스는 일본의 소프트뱅크에 인수되었다가 2021년에 현대자동차의 자회사가 되었습니다. 보스턴 다이내믹스가 자동사 회사의 도움을 받아 어떤 로봇을 만들어 낼지 기대됩니다.

비록 구글이 보스턴 다이내믹스를 매각했지만, 그들의 기술에 대한 도전은 칭찬할 만합니다. 이렇게 실패를 두려워하지 않고 도전하는 구글이기에 여러 가지 독보적인 서비스와 제품을 만들어내는 것 같습니다.

### 논문 검색도 빠르고 쉽게

대중적으로 효용 가치가 높지는 않지만 매우 중요한 구글의 서비스 하나를 소개해 드리겠습니다. 구글 스콜라(Google Scholar)라는 서비스인데요, 이곳에서는 수많은 학술 논문을 검색할 수 있습니다. 또 그 논문이 참조한 논문과 그 논문을 인용한 논문을 클릭 몇 번으로 모두 찾을 수 있습니다. 이 서비스는 학생이나 연구직에 있는 사람들에게는 엄청난 축복입니다.

인터넷이 없던 시절에 학생이나 연구직 종사자는 관심 연구 분야의 논문을 검색하고 정리하는 데 엄청난 시간을 들여야 했습니다. 필자의 대학 스승님 중 한 분이 해주신 이야기입니다. 스승님께서 공부하던 시절에는 일주일에 하루 정도 반드시 학교 도서관에 가서 책자 형태로 된 연구 분야 논문집을 직접 읽고 자신만의 참고 문헌 목록을 만드는 것이 연구 활동의 큰 부분이었다고 합니다. 여러 시간이 걸릴 작업을 이제는 클릭 몇 번으로 재빨리 마칠 수 있습니다.

구글 스콜라는 연구자별로 발표한 논문을 정리해 주기도 합니다. 논문을 활발히 발표하는 연구직 종사자들의 이름은 거의 모두 구글 스콜라에서 찾아볼 수 있습니다. 본인이 직접 정리하지 않아도 발표했던 논문이 연도

별로 정리되어 있습니다.

많은 고객을 대상으로 하지는 않지만 구글 스콜라와 같이 정말 필요하고 큰 도움이 되는 서비스는, 실패를 두려워하지 않고 창의력을 시험할 수 있는 환경에서만 탄생할 수 있는 열매가 아닐까 생각합니다.

### 스페이스 엑스의 우주 계획

실패를 두려워하지 않고 과학기술을 선도하는 기업으로 테슬라를 빼놓을 수 없습니다. 전기 자동차 개발은 어쩌면 쉬운 일이었는지도 모릅니다. 테슬라의 더 큰 과제는 우주 개발에 있습니다. 좀 더 정확하게 설명하자면 테슬라의 CEO인 일론 머스크는 자신이 따로 설립한 회사 스페이스 엑스를 통해 우주 시대를 열기 위해 엄청난 자금과 노력을 쏟아붓고 있습니다.

스페이스 엑스는 한마디로 우주 택배 회사라고 할 수 있습니다. 로켓 발사 기술을 이용해 우주정거장에 전달할 물품이나 인공위성을 우주로 보내줍니다. 독특한 점은 발사체를 회수할 수 있다는 점입니다.

우주로 나가기 위해서는 많은 연료를 사용해 장시간 추진력을 얻어야 합니다. 연료를 많이 담을수록 연료탱크가 커지고 무거워져서 효율적이지 않습니다. 그래서 3단 추진 로켓을 많이 사용해 왔습니다. 연료탱크를 여러 개 두고 연료가 소진되면 해당 연료탱크를 로켓 본체에서 분리해 버립니다.

미국과 소련이 냉전을 벌이던 시절, 그들은 우주 개발 분야에서도 치열한 경쟁을 벌였습니다. 소련이 첫 인공위성 스푸트니크를 쏘아 올리면서 시작된 그들의 경쟁에 경제성이나 수지 타산은 필요하지 않았습니다. 인류가 달에 첫발을 내딛은 지 벌써 50년 넘게 지났습니다. 그동안 수많은 인공위성이 하늘 위로 올라갔고 그만큼 우리의 삶도 편리해졌습니다. 하지만 국가 간 자존심을 지키기 위해 우주로 나가던 시절은 끝났습니다. 경제성도 중요해진 시기가 온 것입니다.

우주 밖으로 나가는 로켓의 앞부분을 제외하고 그 아래 발사체 부분은 오랫동안 1회용이었습니다. 경제성이 낮을 수밖에 없습니다. 스페이스 엑스는 이 부분을 기술 개발로 극복했습니다. 스페이스 엑스의 발사체는 여러 번 사용할 수 있습니다. 하늘 높이 올라갔던 추진체는 다시 돌아와서 멋지게 착륙합니다. 모든 것이 저절로 이루어진 것이 아닙니다. 스페이스 엑스도 수많은 도전과 실패 끝에 추진체 회수에 성공했습니다.

2020년 5월 스페이스 엑스는 최초의 민간 유인 우주선을 발사했고, 우주 정거장에 도킹까지 성공했습니다. 스페이스 엑스의 미래, 인류 우주 개발의 미래가 무척 궁금해집니다.


## 9 프랑스로 떠나는 과학 여행

만약 프랑스로 여행을 간다면 무엇을 먼저 보고 싶으신가요? 유명한 장소와 건물이 너무 많아 고르기 힘들 것 같습니다. 루브르 박물관, 개선문, 에펠탑, 베르사유 궁전 등 찬란하고 아름다운 문화유산들로 가득한 곳이 프랑스입니다. 현대의 프랑스를 떠올려 보아도 패션과 예술의 상징인 파리가 먼저 생각납니다.

하지만 화려한 문화와 예술을 꽃피우기 위해서는 힘 있는 나라와 안정적인 사회, 그리고 개인들의 윤택한 삶이 전제되어야 할 것입니다. 이러한 조건들을 갖추기 위해서는 고도로 발달한 정치, 경제, 과학기술 등이 필요합니다. 지금의 프랑스는 패션과 예술을 먼저 떠올리게 하지만, 르네상스 이후 프랑스가 낳은 과학자와 수학자들을 보면 그들이 왜 강대국이 될 수 있었는지 알 수 있습니다. 그리고 그들이 자국의 과학자들을 어떻게 대접했는지도 유심히 봐야 할 부분입니다.

## 에펠탑은 기술 기념탑

에펠탑을 보면 낭만적인 파리가 연상되지만 처음 에펠탑이 파리에 세워질 때는 예술 작품이라기보다는 공업 프로젝트에 가까웠습니다. 프랑스 혁명 100주년을 기념하여 1889년에 세계박람회가 파리에서 개최되었는데 에펠탑은 그 행사의 기념탑이었습니다. 무려 300미터의 높이를 자랑했는데 여의도 63빌딩의 높이가 249미터라고 하니, 당시 건축 기술로 볼 때 정말 높은 건축물이었습니다. 그 때문이었을까요? 당시 프랑스인들은 에펠탑이 흉물스럽다며 싫어했다고 합니다. 20년만 존치하고 철거하려고 했지만, 통신이 발달하면서 그에 쓰일 안테나를 설치하는 데 꽤 유용했기 때문에 철거되지 않고 남았습니다.

건축가 에펠은 1층 밑단 아치 위 4면을 둘러 총 72명의 이름을 새겨 넣었습니다. 지금의 감각으로 본다면 건축비를 지원한 사람들의 이름일 것 같지만 놀랍게도 당시 프랑스를 대표할 만한 과학자, 공학자, 수학자의 이름이 새겨져 있습니다. 이공계 분야를 전공한 분들이라면 한 번쯤 들어보았을 이름이 많이 있습니다.

## 에펠탑에 이름을 남긴 사람들

에펠탑 북동쪽 면에 수학자 조제프 푸리에(Joseph Fourier)의 이름이 있습니다. 다른 업적도 대단하지만 푸리에 변환이라는 수학적 방법은 우리가 누리는 음향 기기, 영상 장치 등에서 음색을 바꿔주거나 노이즈를 줄여주는 중요한 기술입니다. 코시-슈바르츠 부등식을 만든 오귀스탱루이 코시(Augustin-Louis Cauchy)도 이름을 올렸습니다. 전자기학의 기초에 막대한 기여를 한 샤를오귀스탱 드쿨롱(Charles-Augustin de Coulomb)도 있습니다. 자석에 N극과 S극이 있듯이 전기에는 양과 음의 전하가 있습니다. 전하의 단위로 쿨롬(C: coulomb)을 사용합니다. 얼마나 중요한 과학자였는지 알 수 있죠. 전류의 세기를 나타내는 단위인 암페어에 이름을 남긴 물리학자 앙드레마리 앙페르(André-Marie Ampère)는 에펠탑 북서쪽 면에 이름을 남겼습니다.

고무줄이나 금속판처럼 늘어나고 휘어지는 물체를 탄성체라고 하는데 탄성체를 한쪽 방향으로 당기거나 누르면 다른 방향으로도 변화가 일어납니다. 예컨대 지우개를 책상 위에 두고 윗면을 아래로 누르면 좌우로 약간 퍼집니다. 탄성체에서 힘을 준 방향의 길이 변화와 힘을 주지 않았지만 발생하는 다른 방향의 길이 변화가 서로 일정한 비율을 이루는데 우리는 이 비율을 푸아송 비율(Poisson ratio)이라고 부릅니다. 탄성학 발전에 큰 기여를 한 시메옹 푸아송(Simén Poisson)을 딴 것입니다. 그의 이름은 에펠탑에도 새겨져 있습니다.

가스파르귀스타브 코리올리(Gaspard-Gustave Coriolis)는 물리학자나 기계공학자들이 특히 반가워할 이름입니다. 회전하는 좌표계를 이용해서 수

그림 3-6  **프랑스 에펠탑에 새겨진 과학자들의 이름**

에펠탑에는 프랑스 과학자 72명의 이름이 새겨져 있다.

식으로 움직임을 표시할 때 실제로는 없는 힘을 꼭 넣어줘야 하는 상황이 발생하는데 이것을 전향력이라고 부릅니다. 코리올리는 이 힘을 발견한 과학자입니다. 그래서 전향력을 코리올리 힘이라고도 부릅니다.

　회전목마를 이용해 상상 속의 실험을 해봅시다. 〈그림 3-7〉에서 우리는 원형인 회전목마의 아래쪽 끝에 있고, 상대방은 위쪽 끝에 있습니다. 회전목마가 시계 반대 방향으로 돌면 우리는 오른쪽으로 움직이는 셈이고, 상대방은 왼쪽으로 움직이는 셈이 됩니다. 하지만 이것은 밖에서 본 것을 기술한 것이고 회전목마와 우리, 상대방 모두 같이 돌고 있기 때문에 우리 눈에는 모두 정지해 있고 외부 환경이 돌아가는 것처럼 보입니다.

　회전하는 상태에서 우리가 상대방에게 공을 던져봅시다. 상대방을 보며 직선으로 던졌지만 공은 상대방에게 가지 않고 상대방의 왼쪽으로 치우쳐 도착합니다. 우리 눈에는 마치 공에 이상한 힘이 작용하는 것처럼 보입니

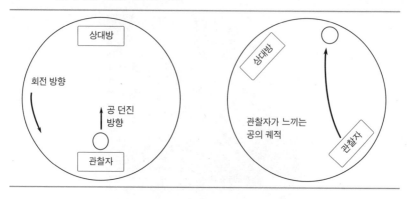

그림 3-7 **회전목마를 이용한 전향력 실험**

상대방

회전 방향

공 던진
방향

관찰자

상대방

관찰자가 느끼는
공의 궤적

관찰자

다. 이 힘을 전향력이라고 합니다. 사실 전향력은 실제 존재하는 힘이라기보다는 관찰자가 회전하기 때문에 생기는 착시를 수식에서 오류 없이 기술하기 위해 인위적으로 추가한 가상의 힘입니다. 이것을 실제 힘인 것처럼 가정하면 관찰자가 회전하는 상황을 쉽게 수학적으로 기술할 수 있습니다.

진자로 유명한 레옹 푸코(Léon Foucault)도 당당히 에펠탑에 이름을 남겼습니다. 진자는 천장으로부터 긴 줄을 늘어뜨려 무거운 추를 달고 추의 왕복 운동을 관찰하는 실험 장치입니다. 푸코의 진자는 지구가 회전하고 있다는 사실을 알려줍니다. 만약 회전하지 않는다면 진자의 운동 궤적은 변화가 없을 것입니다. 예컨대 남북으로 왕복 운동을 시작했다면 계속 그 방향을 유지할 것입니다. 하지만 지구가 회전하고 있어서 진자의 왕복 운동 방향도 느린 속도로 바뀝니다. 이 현상은 코리올리의 전향력으로 설명할 수 있습니다. 관찰자인 우리도 지구와 함께 회전하기 때문에 진자의 운동을 기술하려면 전향력을 넣어서 수식을 완성해야 합니다. 그렇게 얻은 결과는 우리 눈에 보이는 진자의 궤적과 일치합니다.

유체역학에서 없어서는 안 될 중요한 수식이 있습니다. 고전역학에서 뉴턴의 방정식 $F = ma$는 날아가는 공의 움직임을 알아내거나 지구와 달의 공전 궤도 등을 이야기할 때는 매우 유용하지만, 물이나 공기의 흐름을 연구할 때는 좀 더 정교한 형태로 바꾸어주어야 합니다. 이렇게 탄생한 유체역학 방정식이 나비에-스톡스 방정식입니다. 이 방정식의 탄생에 기여한 프랑스의 공학자 클로드루이 나비에(Claude-Louis Navier)와 영국의 물리학자 조지 스톡스(George Stokes)의 이름을 땄습니다. 나비에는 에펠탑 북서쪽 면에 이름을 남겼습니다.

나비에-스톡스 방정식은 풀이가 난해해서 순수수학에서도 관심이 많은 수식입니다. 미국의 비영리 재단인 클레이수학연구소는 2000년을 맞이하여 오랫동안 풀리지 않은 중요한 수학 문제 일곱 개를 밀레니엄 문제로 선정하고 각각 100만 달러의 상금도 내걸었습니다. 그중 하나가 나비에-스톡스 방정식입니다. 유체가 관련되는 수많은 공학 문제, 즉 비행기, 로켓, 배, 풍력 발전기, 컴퓨터 그래픽 특수효과 등이 이 방정식을 기반으로 해결됩니다. 손으로는 바로 풀 수 없는 이 방정식을 풀기 위해 컴퓨터를 이용합니다. 다행히 컴퓨터 성능이 좋아지면서 정답에 가까운 근사치를 얻을 수 있습니다. 예를 들면 $2x = 4$라는 수식을 보면 우리는 양변을 2로 나누는 풀이법을 알지만, 만약 모른다고 해도 컴퓨터가 $x$에 이것저것 넣어보며 답을 찾을 수도 있습니다. 이렇듯 컴퓨터 방법은 현실적인 대안이긴 하지만, 언젠가 나비에-스톡스 방정식이 풀리면 관련 기술은 훨씬 더 발전할 것입니다.

물리학이나 기계역학을 조금 깊이 공부하면 조제프루이스 라그랑주(Joseph-Louis Lagrange)라는 이름을 만나게 됩니다. 에펠탑에도 이름을 남긴 이 수리 물리학자는 변분법을 만든 사람들 중 한 명입니다. 어떤 함수의 최댓값과 최솟값은 이해하기가 비교적 쉽습니다. 물리적으로도 이런 일들이 일어나지요. 예컨대 공을 공중으로 던지면 올라가다가 최대 높이에 이른 다음 떨어집니다. 공의 높이를 나타내는 함수는 최댓값을 가지고 수학적으로 그 값을 구할 수 있습니다.

변분법에서는 비슷하지만 조금 다른 문제에 관심을 기울입니다. 예를 들어 A 지점에서 B 지점으로 가는 데 여러 가지 길이 있습니다. 그중 연료 소비가 가장 작은 길을 찾으려고 합니다. 직선 경로가 최단거리이겠지만 연료 소비는 또 다른 문제입니다. 단순히 최댓값이나 최솟값을 구하는 문제와 구별됩니다. 변분법을 이용하여 새로운 형태의 역학방정식을 만들어 낸 사람이 라그랑주입니다. 기존 방식으로 역학방정식을 구하기 곤란할 때 사용할 수 있습니다.

## 팡테옹에 안장된 과학자 부부

앞에서 말한, 푸코가 진자 실험을 한 곳은 팡테옹이라는 곳입니다. 로마의 판테온 신전과 유사한 형태로 지은 프랑스의 팡테옹은 원래는 교회였으나 역사 속에서 여러 변화를 거쳐 현재는 예배 장소와 위인들의 묘지 역할을 하고 있습니다. 이곳에서도 과학자를 만날 수 있습니다.

팡테옹에는 과학자 부부인 마리 퀴리(Marie Curie)와 피에르 퀴리(Pierre Curie)가 안장되어 있습니다. 이 부부는 방사성 물질의 발견과 연구에 평생을 바쳤습니다. 남편 피에르보다 마리 퀴리가 더 유명한 것은 노벨상을 두 번이나 받을 정도로 연구 성과가 탁월했던 데다, 여성에게 교육의 기회가 매우 제한적이던 당시의 사회적 한계를 극복했기 때문입니다.

　1903년에 마리 퀴리는 노벨 물리학상을 남편과 공동 수상합니다. 물리학자 앙리 베크렐(Henri Becquerel)이 진행하던 방사능 연구를 더 깊이 있게 수행한 공로를 인정받았습니다. 1911년에는 방사선을 방출하는 새로운 물질을 발견한 공로를 인정받아 노벨 화학상을 단독 수상했습니다.

　당시에는 우라늄처럼 방사능을 가진 광물에 대한 관심이 높았습니다. 마리 퀴리는 피치블렌드라고 불리는 광물에서 우라늄보다 강한 방사능이 나온다는 것을 발견하고 이 광물로부터 순수한 방사성 원소 하나를 추출해 폴로늄이라고 이름 붙입니다. 그녀의 모국 폴란드에서 따온 이름이었지요. 그 뒤로 더 강력한 방사성 원소 라듐도 발견합니다. 화학에서 사용하는 주기율표의 빈칸 두 개를 채운, 실로 대단한 성과를 거둔 것입니다.

　마리 퀴리는 방사선 피폭이 원인으로 의심되는 백혈병, 빈혈 등으로 66세에 사망하였습니다. 당시에는 방사능이 얼마나 인체에 위험한지 잘 알려져 있지 않았고, 심지어 마리 퀴리는 방사성 물질이 들어 있는 시험관을 주머니에 넣고 다녔다고 전해집니다. 사후에 파리 교외에 있던 마리 퀴리의 묘는 남편의 묘와 함께 1995년에 팡테옹으로 이장됩니다. 국가적 영웅으로 인정받는 영광스러운 사건이었습니다.

　2018년 사망한 영국의 물리학자 스티븐 호킹(Stephen Hawking)은 웨스트민스터 사원에 안장되었습니다. 이곳은 고전역학의 창시자 아이작 뉴턴과 진화론의 대부 찰스 다윈(Charles Darwin)이 안장된 곳이기도 합니다. 과학적 업적을 넘어서서 인류 역사에 한 획을 그은 인물들과 함께 안장된다는 것은 크나큰 영광이겠지요. 웨스트민스터 사원에는 영국 왕실의 왕과

왕비를 비롯해 스크루지 이야기로 유명한 작가 찰스 디킨스(Charles Dickens)도 안장되어 있습니다. 프랑스 팡테옹에는 작가 빅토르 위고(Victor Hugo), 철학자 장자크 루소(Jean-Jacques Rousseau), 사상가 프랑수아마리 볼테르(François-Marie Voltaire) 등이 퀴리 부부 등과 함께 잠들어 있습니다. 에펠탑에 이름을 남기고 팡테옹와 웨스트민스터에 안장된 과학자들을 생각하면 유럽 사람들의 과학자에 대한 존경과 자부심을 느낄 수 있습니다.

## 10 확률이 우리에게 말해주는 비밀

### 그대의 로또가 오늘도 1등이 아닌 이유

제가 지금 숫자 하나를 생각하고 있습니다. 이 숫자는 1부터 800만까지의 숫자 중 하나입니다. 다른 힌트 없이 맞혀보세요. 맞힐 수 있을까요? 답은 4만 364인데요, 아마 아무도 못 맞히셨을 것입니다.

이 숫자 맞추기 게임에 상금을 건다면 인기를 얻을 수 있을까요? 공정한 게임을 위해 800만 개의 공을 준비해서 숫자를 하나씩 적어 넣고 로봇이 하나를 고르게 하면 어떨까요? 이 게임에 참여하려면 1000원을 내야 하고 그 숫자를 맞히는 사람이 모인 돈을 가져간다면 이 게임에 참여하시겠습니까?

아마 참여하는 사람들은 마음속으로는 1000원을 잃어도 좋다고 생각하고 그저 재미로 한번 해보는 정도일 것입니다. 그런 사람들이 혹여 몇이 있다 하더라도 숫자 800만 개 중 하나를 힌트 없이 맞히는 이 게임은 인기를 얻을 수 없겠죠.

놀랍게도 우리나라에는 이런 게임이 존재하고, 매주 수백억 원의 판돈이 왔다 갔다 합니다. 더 놀라운 것은 영화 〈타짜〉에나 나올 법한 불법 도박이 아니라 국가에서 관리하는 합법적인 게임이라는 점이죠. 미국에는 2억 9000만 개의 숫자 중 하나를 맞히는 게임도 있습니다. 바로 로또입니다. 물론 로또가 800만 개의 숫자 중 하나를 맞히는 방식으로 진행되지는 않습니다. 1부터 45까지의 숫자 중 무작위로 뽑은 다섯 개의 숫자를 맞히면 됩니다. 그런데 왜 800만 개 숫자 중 하나를 맞히는 게임과 같다고 하는 걸까요?

45개의 숫자 중 하나를 맞히는 경우라면 45분의 1의 확률로 성공할 수 있습니다. 2% 남짓 되는 확률이어서 이미 작은 확률이네요. 45개의 숫자 중 두 개를 맞히는 경우를 생각해 봅시다. 첫 번째 숫자를 맞힐 확률이 45분의 1이고 그다음 숫자를 맞출 때는 첫 숫자가 이미 선택되었으니 44분의 1의 확률로 두 번째 숫자를 맞힐 수 있습니다. 다만 맞히는 순서에 상관은 없으니 $1/45 \times 1/44 \times 2$로 계산하여 대략 0.1%의 성공률이 나옵니다. 성공률이 급격히 낮아지네요.

0.1%의 성공률이라는 말은 대략 1000번 시도하면 한 번 정도는 성공할수도 있다는 뜻입니다. 이것을 달리 표현하면 1과 1000 사이의 숫자 중 무작위로 뽑힌 하나의 숫자를 힌트 없이 맞히는 것과 같은 성공률이라는 겁니다.

45개의 숫자 중 두 개를 맞히는 것과 1부터 1000까지의 숫자 중 하나를 맞히는 것, 어느 것이 더 쉬워 보이나요? 직관적으로는 전자가 훨씬 가능성 높은 게임처럼 보이지만, 확률적으로는 두 게임의 성공률은 거의 비슷합니다.

만약 45개의 숫자 중 다섯 개를 맞히는 경우라면 어떨까요? 고등학교 수학 시간에 배우는 경우의 수를 이용하면 이 문제를 풀 수 있습니다. 조합(combination)이라고 불리는 방법인데요, 45개의 숫자 중 다섯 개를 순서와 상관없이 무작위로 추출해 낼 수 있는 경우의 수는 814만 5060입니다. 즉 814만 5060가지의 경우 중 단 하나를 맞히는 것이기 때문에 1부터 814만 5060까지의 숫자 중 하나를 힌트 없이 맞히는 것과 확률적으로 같은 것이죠. 로또의 숫자 맞히기가 쉬운 것처럼 보이는 것은 일종의 착시입니다.

## 확률로 푸는 몬티 홀 문제

확률과 직관이 상충하는 좋은 예가 하나 있습니다. 몬티 홀 문제라고 불리는 것인데요, 몬티 홀(Monty Hall)은 1970년대에 미국에서 방영된 〈레츠 메이크 딜(Let's Make a Deal)〉이라는 TV 오락 프로그램의 진행자였습니다. 이 프로그램에 나온 문제가 당시에도 그리고 그 후에도 많이 회자되었는데, 진행자의 이름을 붙여 몬티 홀 문제라고 부릅니다.

출연자 한 명이 나옵니다. 진행자 몬티 홀은 출연자에게 세 개의 문을 보여주면서 하나를 고르라고 합니다. 세 개의 문 중 하나를 열면 자동차가 있고, 나머지 문 뒤에는 염소가 있습니다. 자동차가 있는 문을 고르면 그 자동차를 상품으로 가져갈 수 있습니다.

출연자가 문을 하나 고릅니다. 진행자는 어느 문에 자동차가 있는지 알고 있습니다. 그래서 출연자가 고른 문을 열어보기 전에 고르지 않은 두 개의 문 중 염소가 있는 문을 하나 열어버립니다. 그러면 출연자가 고른 문과, 고르지 않았지만 열리지 않은 문이 남죠. 그런 뒤 진행자는 출연자에게 질문을 던집니다.

"선택한 문을 그냥 열까요, 아니면 다른 문으로 바꾸시겠습니까?"

출연자는 갈등하기 시작합니다. 여러분은 어떻게 하시겠습니까? 필자가 이 문제를 처음 접한 것이 대학원에서 확률에 관한 수업을 들을 때였습니다. 교수님께서 화두를 던지듯 질문과 답만 말씀하시는 바람에 수업을 듣던 친구들과 하루 종일 답을 이해하기 위해 토론을 벌인 기억이 납니다.

사실 선택을 바꾸든 안 바꾸든 100%의 성공률로 자동차를 가져갈 방법은 없습니다. 다만 어느 쪽이 성공할 확률이 높은지를 따져서 선택해야겠죠. 많은 사람이 처음 고른 문을 열어보는 쪽으로 마음이 기울 것입니다. 괜히 마음을 바꿨다가 틀리면 억울한 마음이 드니까요. 그러나 이 경우도 직관을 따라가면 안 됩니다. 바꾸는 것이 유리합니다.

선택을 바꾸는 것이 왜 유리할까요? 그 이유를 설명하는 몇 가지 방법이 있습니다. 첫 번째는 퀴즈 방식을 살짝 바꿔보는 것입니다. 우선 출연자가 문 하나를 고르게 합니다. 그 뒤 사회자가 질문합니다. "그 문을 계속 선택하시겠습니까, 아니면 나머지 두 개의 문을 선택하시겠습니까? 만약 마음을 바꾸어 나머지 두 개의 문을 선택하시고 그중 하나에서 자동차가 나오면 가져가실 수 있습니다." 원래 게임 방식보다 출연자에게 훨씬 유리한 것처럼 보이지 않나요? 출연자가 처음 고른 문 뒤에 자동차가 있을 확률은 3분의 1입니다. 나머지 두 개의 문 뒤에 있을 확률은 그 두 배인 3분의 2이죠. 그런데 선택을 바꿔 3분의 2의 확률로 갈아탈 기회를 준다니 마다 할 이유가 없습니다.

이렇게 살짝 바꾼 게임과 원래의 게임은 완전히 다른 게임일까요? 사실 두 게임은 같은 결과를 보여줍니다. 원래 게임에서 진행자가 염소가 있는 문을 열어버렸기 때문에 선택되지 않은 문에 자동차가 있을 확률이 3분의 2가 되어버리는 것이죠.

살짝 다른 설명 방식도 있습니다. 이번에는 100개의 문과 한 대의 자동차, 그리고 99마리의 염소가 있습니다. 출연자는 하나를 선택했고요. 이번에는 나머지 99개의 문 중 염소가 있는 98개를 진행자가 열어줍니다. 선택을 바꿔야 할까요? 예, 당연히 바꿔야 하죠.

선택을 바꾸는 것이 좋다는 사실에 아직 확신이 없다면 숫자를 더 키워서 생각해 보면 됩니다. 1억 개의 문과 한 대의 자동차가 있습니다. 처음 출연자가 고른 문에는 1억 분의 1의 확률로 자동차가 있습니다. 나머지 문 중 하나를 제외하고 나머지 문을 열어서 염소가 있다는 걸 확인했습니다. 자동차는 어디에 있을까요? 물론 100%는 아니지만 처음 고른 문보다는 아직 닫혀 있는 문에 자동차가 있을 가능성이 훨씬 높습니다.

### 도박과 확률

확률의 법칙으로 운영되는 사업이 있습니다. 바로 카지노입니다. 카지노의 모든 게임에서 고객의 승률은 50%보다 낮습니다. 게임을 하면 할수록 고객은 돈을 잃게 된다는 뜻입니다. 승률이 0%는 아니기 때문에 이길 때도 있습니다. 이길 때 딴 돈과 질 때 잃은 돈이 비슷하다고 해도 진 횟수가 이긴 횟수보다 많으니 돈을 잃게 되죠.

확률과 통계에는 대수의 법칙 혹은 큰 수의 법칙이 작용합니다. 확률이 작동하는 상황에서는 해당 사건이 아주 많은 횟수로 발생하면 그 통계가 확률적 결과에 수렴한다는 법칙입니다. 주사위 놀이를 생각해 봅니다. 주사위에서 각 숫자가 나올 확률은 6분의 1입니다. 그런데 우리가 주사위를 딱 여섯 번 던지면 어떻게 될까요? 각각의 숫자가 딱 한 번씩만 나올까요? 아닙니다. 어떤 숫자는 중복해서 나오고 어떤 숫자는 나오지 않을 수도 있습니다. 만약 100번 정도 던지면 어떨까요? 그러면 각 숫자가 대략 6분의 1의 확률로 비슷하게 나올 것입니다. 1억 번 정도 던진다면 말할 나위 없이 각각 6분의 1의 확률에 매우 가까울 것입니다.

이렇게 확률이 작동하는 경우라도 시도한 횟수가 많아야 확률적 분포를 확인할 수 있습니다. 이것이 카지노 업체가 번창하는 이유이기도 합니다. 만약 어떤 게임을 할 때마다 정확하게 베팅한 돈의 1%를 카지노가 가져가서 참가자는 게임을 할 때마다 돈을 잃는다고 가정해 봅시다. 아무도 게임을 하지 않겠죠. 하지만 카지노의 게임들은 어떤 때는 이기고 어떤 때는 집니다. 그래서 혹시나 하는 마음으로 사람들은 게임에 참여합니다.

참여자 개개인이 하는 게임의 횟수는 카지노 전체 게임 수에 비하면 너무나도 작은 숫자입니다. 확률이 확인되지 않습니다. 그래서 카지노 고객은 돈을 따는 순간의 기쁨으로 돈 잃는 슬픔을 위로합니다. 그러고는 다시 게임을 하죠. 반면 카지노 업체는 수많은 고객과 오랜 기간에 걸쳐 게임을 하기 때문에 확률의 혜택을 보게 됩니다. 고객의 승률이 50%가 안 되기 때문에 카지노는 궁극적으로 고객의 돈을 얻게 됩니다.

그렇다면 주변에 카지노에서 돈을 좀 벌었다고 자랑하는 사람이 있는데 그건 어떻게 된 걸까요. 물론 그럴 수 있습니다. 그러나 카지노 이용객 전부를 조사하여 계산해 보면 카지노 고객 집단은 돈을 잃고, 카지노 업체는 돈을 벌었다는 걸 알 수 있습니다.

## 확률이 주는 혜택

카지노와 로또를 예로 들다 보니 확률을 부정적으로 이야기한 것 같습니다. 사실 우리는 확률의 혜택을 누리고 있습니다. 바로 보험이라는 제도를 통해서입니다.

간단한 상황을 가정해서 생각해 봅시다. 여기 10명이 있습니다. 이 사람들은 1년 안에 10분의 1의 확률로 특정 질병에 걸릴 수 있다고 합시다. 그런데 치료비가 비싸서 병원비를 감당하기 힘듭니다. 이 10명의 사람들이 의논하여 미리 치료비의 10분의 1씩을 내서 한 명을 치료할 돈을 마련해 둡니다. 확률에 따라 한 명이 병에 걸리면 모아둔 돈으로 치료하면 됩니다.

혹여 병에 걸리지 않아 치료비의 10분의 1을 남을 위해 내게 되더라도 알 수 없는 미래를 대비하는 좋은 행동입니다. 이를 가능하게 하는 두 가지 전제 조건이 있습니다. 하나는 정확한 확률이고, 나머지 하나는 대규모의 참여자 그룹입니다.

이해를 돕기 위해 치료비를 모아 운영하는 단체를 생각해 봅시다. 실제로 보험회사나 보험공단이 그런 역할을 하고 있습니다. 확률의 관점에서 보면 보험회사는 앞에서 예로 든 카지노 업체와 비슷한 위치에 있습니다. 즉, 카지노 고객 중에는 가끔 돈을 따는 사람도 있고 전 재산을 잃는 사람도 생기는 등 들쭉날쭉하지만 수많은 고객과 수많은 게임을 진행한 카지노 업체의 수익률은 이미 계산된 게임의 확률에 매우 근접합니다. 대수의 법칙에 따라 말이죠. 보험회사와 가입자도 비슷한 경험을 합니다. 가입자들은 특정 병에 걸릴 수도 있고 걸리지 않을 수도 있습니다. 어떤 사고를 당할 수도 있고 당하지 않을 수도 있죠. 병에 걸릴 확률, 사고를 당할 확률이 잘 알려져 있다면 보험회사는 그 확률에 근거해 가입자에게 가입비를 받을 수 있습니다. 가입자가 많으면 많을수록 병에 걸린 가입자 수는 이미 계산된 확률에 가까워지기 때문에 모인 보험 가입금을 병에 걸린 가입자에게 지급할 수 있습니다. 우리가 더불어 살아야 하는 이유를 여기서도 발견할 수 있군요.

확률과 대수의 법칙을 재미있게 알려주는 주식 사기꾼 이야기가 있습니다. 어떤 주식 컨설턴트가 1024명의 이메일 명단을 입수했습니다. 첫날 이 사람들에게 이메일을 보냅니다. 명단에서 무작위로 512명을 골라 다음 날 종합 주가 지수가 내려갈 거라고 알려주고, 나머지에게는 올라갈 거라고 알려줍니다. 다음 날이 되면 512명은 그 컨설턴트가 틀린 정보를 주었다고 생각하고, 나머지는 맞혔다고 생각하겠죠. 컨설턴트는 맞는 정보를 받은 사람한테만 그다음 날의 예측을 또 보냅니다. 이번에도 반으로 나누어 256명에게는 주가가 상승한다는 정보를, 나머지에게는 하락한다는 정보를 줍니다. 다음 날이 되면 한 그룹의 사람들은 다시 이 컨설턴트가 주가 등락을 맞힌 것으로 생각하겠죠. 이런 식으로 계속 진행하면 마지막에 한 명이 남는데 이 사람의 눈에는 컨설턴트가 무려 10번이나 연속으로 주가 등락을 맞힌 대단한 실력가로 보입니다.

이 이야기에서 주식 컨설턴트는 무작위 예측을 한 것뿐입니다. 결국

1024명이라는 많은 대상이 있었기 때문에 대수의 법칙에 따라 10번의 등락 예측에서 1024분의 1이라는 확률을 거두어들인 것뿐입니다. 하지만 이 예측 보고서를 받은 개인은 자신이 받은 정보만 볼 수 있고, 다른 사람들이 어떤 정보를 받는지, 전체 정보의 내용이 무엇인지를 모르기 때문에 마치 컨설턴트가 대단한 능력이 있는 것처럼 착각하게 됩니다.

호사다마라는 말이 있지요. 좋은 일에는 흔히 방해되는 일이 많다는 뜻인데요, 좋은 일이 일어날 확률은 낮고 좋지 않은 일이 일어날 확률이 높기 때문이겠죠? 좋은 일이 생겼다면 좋지 않은 일이 같이 일어날 수 있으니 조심해야겠고, 불운한 일이 일어났더라도 낙담하지 말고 행운이 곧 다가올 거라고 기대하면서 극복해 가시기 바랍니다.


## 11 가끔 과학기술이 달갑지 않더라도

### 알파고가 던져준 걱정거리

2016년 이세돌 선수와 인공지능 알파고의 바둑 경기가 있었습니다. 경기 전 많은 전문가가 이세돌의 승리를 예상했습니다. 체스나 장기와 달리 바둑은 경우의 수가 너무 많고, 수백 년의 바둑 역사를 통해 사람이 만들어낸 여러 가지 바둑 전략이 컴퓨터의 단순 계산보다는 뛰어날 거라고 생각했기 때문입니다. 최종 결과는 4 대 1, 알파고의 완승이었습니다. 이세돌이 이긴 4차전이 인류가 바둑으로 컴퓨터를 이긴 마지막 경기일 것이라는 자조 섞인 이야기도 흘러나왔습니다.

컴퓨터가 단순 계산을 인간보다 잘하는 것은 당연합니다. 그런 목적으로 만든 전자 장치이니까요. 하지만 고차원적인 지적 활동에서도 컴퓨터가 우리를 이길 수 있다는 것이 증명되면서 사람들은 걱정하기 시작합니다.

"미래에는 컴퓨터가 인간을 대체해 버리는 것 아닐까?"

이미 많은 직업군에서 컴퓨터, 로봇, 자동화 시스템이 사람을 대체하고 있기 때문에 이러한 걱정은 갈수록 힘을 얻고 있습니다. 과학기술은 마치 달리는 자전거와 같아서 멈추면 도태합니다. 경제, 사회, 문화가 모두 비슷한 속성이 있지요. 그런데 과학기술의 발전이 때로는 사회에 부정적인 영향을 줄 때가 있습니다.

공장 자동화에 따른 노동 시장의 축소는 이제 새로운 이야기가 아닙니다. 자동화 설비 관련 업계 종사자들과 이야기를 나누어보면 설비를 공급하는 업체로서는 자동화 공장이 많아지면 좋지만, 과연 대규모의 자동화로 생기는 인력 감축이 사회에 어떤 영향을 줄지 걱정도 된다고 합니다.


## 택시 산업을 위협하는 기술 발전

한국에서 우버 택시가 큰 논란거리가 된 적이 있습니다. 우버는 모바일 앱을 통해 카풀 서비스를 주고받는 것입니다. 세계 곳곳에서 기존 택시 업계가 우버 택시에 거세게 반발한 것처럼, 한국의 택시 업계도 파업과 시위를 통해 우버 택시를 격렬히 반대했습니다. 결국 우버는 '도로교통법' 위반과 택시 업계의 반발로 한국에서 사업을 거의 포기한 상태입니다.

반면 미국에서는 우버 택시뿐만 아니라 비슷한 서비스를 제공하는 리프트 택시까지 선풍적인 인기를 누리고 있습니다. 한국이나 다른 나라와 마찬가지로 우버 택시는 미국에서도 반대하는 목소리가 높았습니다. 옐로 캡이라고 불리는 뉴욕의 노란 택시는 맨해튼의 상징 중 하나인데요, 뉴욕의 악명 높은 교통 환경 때문에 택시 이용률이 높아 택시 면허 거래에 큰돈이 오갈 정도였습니다. 실제로 뉴욕 맨해튼 택시 면허는 100만 달러에 육박한 적도 있다고 합니다. 우버와 리프트의 성장으로 택시 면허 거래 가격은 10분의 1로 폭락했습니다. 미국 여행자들이 일반 택시를 이용하는 비율도 2015년부터 2020년 사이에 절반 이하로 감소했다고 합니다. 택시 기사 상당수가 직업을 잃을 것이라고 쉽게 예상할 수 있습니다.

### 그렇다면 과학기술의 발전을 어떻게 봐야 할까?

이렇게 보면 과학기술의 발전이 경우에 따라서는 큰 고통으로 다가오기도 합니다. 인터넷 환경, 스마트폰, GPS(global positioning system) 기술 등 각각은 우리 삶을 편리하게 만들었지만, 우버의 등장과 택시운전자의 실직에서 보듯이 모두에게 항상 좋은 것만은 아닙니다. 그렇다고 과학기술의 발전을 인위적으로 틀어막을 수도 없는 노릇이죠.

인류 발전은 성장통을 항상 동반했음을 주목할 필요가 있습니다. 개인용 컴퓨터가 보급되기 전, 공식 서류를 작성할 때 타자기를 쓰던 시절이 있었습니다. 그때는 타이피스트라는 전문 직업군이 존재했습니다. 그들은 개인용 컴퓨터의 등장과 함께 사라졌습니다. 전화교환원이라는 직업도 있었죠. 요즘은 번호만 누르면 바로 연결되는 자동 시스템이 있기 때문에 사라진 직업입니다. 아주 옛날에는 버스안내양이라는 직업도 있었습니다. 버스 요금을 받고 승객의 승하차를 도와주는 일을 했는데 사라진 지

오래된 직업이죠. 버스요금은 교통카드로 자동결제 되며, 하차를 위해 운전수가 스위치 하나로 승객용 문을 열어줄 수 있도록 버스 구조가 발전했습니다.

특정 직업군이 사회에서 불필요해져 사라지는 과정은 개개인에게 큰 고통입니다. 하지만 그 변화가 기술 발전에 따른 결과일 경우, 단지 직업군의 존속을 위해서 발전이라는 과일을 거부하는 것 또한 진지하게 고민해야 할 부분입니다. 발전을 통해 우리는 더 다양하고 많은 새로운 직업을 만들어 내기 때문입니다.

개인용 컴퓨터의 등장으로 비록 타자기 제조업체와 타이피스트들은 사라졌지만, 컴퓨터 제조업체와 컴퓨터 업계 안팎의 다양한 직업군이 새로 만들어졌습니다. 혹자는 인공지능과 로봇이 우리의 직업을 빼앗을 것이라고 우려합니다. 충분히 타당한 걱정입니다. 하지만 과거에 비추어보았을 때 분명 더 큰 열매가 있을 것입니다. 생각해 보지 못했던 직업과 새로운 기업이 생겨나고, 그런 직종은 단순한 육체노동에서 벗어나 인간의 지적·감성적·미적 능력이 요구되는 일자리가 될 것입니다.

이러한 관점에도 여전히 한계는 존재합니다. 직장을 잃은 타이피스트가 하루아침에 컴퓨터 기술자로 취업하기는 어려운 것처럼, 개개인의 고통을 해결할 방법을 모색해야 합니다. 정치적·사회적 합의를 통한 사회안전망 구축이나 재교육 프로그램 등이 필요합니다. 미래의 과학기술 환경에 적합한 인재를 길러내는 것이 필자처럼 교육에 몸담은 사람들의 임무입니다. 미래의 직업 구조가 어떻게 될지 알 수 없기 때문에 교육자들의 고민과 도전도 계속되고 있습니다.

자동화와 인공지능의 발전으로 직업군에는 어떤 변화가 생길까요? LG 경제연구원은 2018년 보고서를 통해 인공지능 시대에 위협받을 수 있는 직업군과 상대적으로 안전하게 유지될 것으로 예상되는 직업군을 발표했습니다. 위협받을 수 있는 직업군에는 조립·생산 등 제조 현장직이 있습니다. 또 세무사와 회계사도 포함되었습니다. 반면 교육 관련 업종과 연구직, 의사, 약사 등은 유지될 것으로 보았습니다. 물론 예상 리스트에 불과하므로 참고만 하시면 됩니다. 유지될 것으로 보이는 직업군의 특징은 사람과 직접적인 관계 속에서 직업 활동을 하거나 고도의 창의적 활동을 한다는 점입니다. 반대로 단순 생산직이나 주어진 틀을 반복적으로 적용하여 결과물을 만들어내는 직업은 자동화로 대체될 가능성이 있다고 보았습니다.

필자에게 상담을 신청하는 대학 졸업반 학생들은 항상 어떤 직업군을 선택해야 전망이 좋은지 묻습니다. 대부분 공과대학 학생들이기 때문에 어느 정도 범위가 정해져 있기는 하지만, 현재의 급여 수준이나 안정성만을 고려하는 경향이 강해서 조금 길게 보기를 권유할 때가 많습니다. 개인의 적성과 열정이 가장 중요한 요소라는 전제하에 자동화와 인공지능이 만들어낼 미래의 직업군도 꼭 생각해 보고 결정하라고 조언합니다.

# 04

## 사람을 살리는 과학기술

## 1 병원에 간 로봇공학

필자가 로봇 공부를 시작했던 20여 년 전만 해도 로봇은 주로 산업 현장에서 쓰이는 것으로 인식되었습니다. 사람이 하기에 어려운 일이나 정교한 반복 작업 등에 이용되어 왔습니다. 하지만 요즘 크고 작은 로봇학회에서 산업용 로봇과는 다른 다양한 로봇이 보고되고 있는 것을 보면 로봇과 함께하는 일상생활이 머지않았음을 느낍니다.

로봇의 여러 사용 영역 중 의료 분야, 특히 로봇 수술 분야는 요즘 급부상하는 영역 중 하나입니다. 의료 영역은 생명을 다루는 분야이기 때문에 고도의 안전성과 신뢰도가 요구됩니다. 따라서 병원에서는 매우 제한적인 경우에만 기계 시스템을 이용해 왔습니다. 하지만 수술 결과가 의료진의 숙련도에 크게 좌우된다는 점, 사람의 손으로 할 수 있는 수술에도 한계가 있다는 점, 작게나마 존재하는 인간의 실수 등 기존 의료 수술 시스템의 단점을 극복하려는 노력이 꾸준히 이어져 왔습니다. 그중 하나가 바로 수술용 로봇입니다.

일반적으로 로봇이라고 하면 인간의 형상을 어느 정도 닮은 기계 전자 시스템을 떠올립니다. 그러나 학계와 산업계에서 통용되는 로봇의 개념은 이보다는 조금 넓습니다. 지적 능력이 있는 유형무형의 기계 전자 시스템을 아우르는 개념으로 정의합니다. 수술에 사용되는 로봇은 주로 인간의 모습은 아니며, 목표로 하는 수술 종류에 맞게 설계됩니다. 요사이 다양한 수술 로봇이 소개되고 있는데 그중 가장 대표적인 것이 다빈치(da Vinci) 로봇입니다.

## 수술하는 로봇, 다빈치

다빈치 로봇은 스스로 수술을 하는 로봇이 아닙니다. 다른 수술용 로봇도 마찬가지입니다. 자동화 시스템은 예상치 못한 상황이 생겼을 때 사용자가 그 과정에 바로 개입하기 어렵기 때문에 수술용 로봇에는 적용이 어렵습니다. 그 대신 의사가 가진 한계를 극복할 수 있게 도와주는 것이 수술용 로봇의 목적입니다. 다빈치 로봇은 로봇 팔이 달린 수술부와 의사가 원격조종 하는 제어부로 구성되어 있습니다. 제어부에 있는 컨트롤러를 의사가 손으로 조종하면 그 움직임에 맞게 수술부의 로봇 팔이 움직여 수술을 합니다.

이 로봇은 기본적으로 복강경 수술법에 로봇을 접목시켜 여러 가지 한계를 극복한 시스템입니다. 복강경 수술은 몸에 여러 개의 구멍을 뚫고 직선형 수동 도구와 카메라를 넣어 행하는 수술을 말합니다. 복강경 수술의 단점 중 하나는 카메라로 찍은 환자의 몸속 모습을 입체적으로 볼 수 없다는 점입니다. 마치 3차원적인 사람의 얼굴을 일반 카메라로 찍어서 화면으로 보면 본모습과 다른 느낌인 것처럼 말이죠. 또 다른 단점은 수술 도구의 움직임이 인간의 직관과 반대로 움직인다는 점입니다. 긴 직선형의 복강경 수술 도구는 한쪽에는 사람이 잡을 수 있는 손잡이가 있고 반대쪽 끝에는 집게나 소형 가위 등이 달려 있습니다. 이 도구가 환자 몸의 구멍을 통해 들어가 있기 때문에 구멍 부위를 중심으로 도구의 양쪽 끝단이 반대 방향으로 움직입니다. 따라서 수술 도구의 집게 부분을 환자 몸속에서 왼쪽으로 옮기려면 그 반대쪽 끝을 잡고 있는 의사의 손은 오른쪽으로 움직여야 합니다.

그림 4-1  **다빈치 로봇의 수술부**

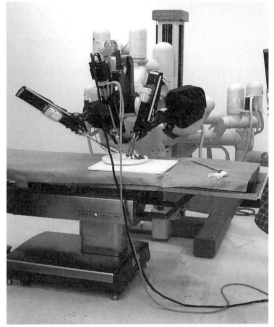

© Nimur

자료: 위키피디아. https://commons.wikimedia.org/wiki/File:Laproscopic_Surgery_Robot.jpg

그림 4-2  **다빈치 로봇의 제어부**

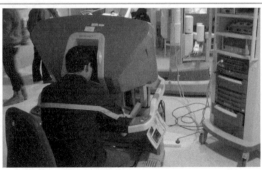

© Cmglee

자료: 위키피디아. https://commons.wikimedia.org/wiki/File:Cmglee_Cambridge_Science_Festival_2015_da_
Vinci_console.jpg

다빈치 로봇은 이 두 가지 문제를 해결했습니다. 몸에 들어간 스테레오 카메라로 촬영한 영상을 실시간으로 제어부에 있는 화면에 비춰주어 의사는 환자 몸속을 3차원적으로 볼 수 있습니다. 또한 제어부에서 의사는 수술 도구인 집게나 가위 부분의 움직임만을 염두에 두고 컨트롤러를 움직이면 됩니다. 도구를 왼쪽으로 보내고 싶으면 컨트롤러를 왼쪽으로 움직이면 됩니다.

컨트롤러의 움직임은 전기 신호로 전환되어 로봇 팔을 움직이게 하여 수술이 시행됩니다. 여기에 다빈치 로봇의 큰 장점이 있습니다. 이 전기 신호는 필요에 따라 다양하게 변형할 수 있습니다. 의사의 손 움직임에 다소 떨림이 있다 하더라도 전기 신호 처리를 통해 이를 보정할 수도 있고, 신호 크기를 줄임으로써 사람 손으로 하기 힘든 미세한 수술을 할 수도 있습니다.

비록 수술 전체를 자동화할 수는 없지만 수술 과정에서 매우 간단하고 반복되는 작업을 미리 프로그래밍 해두고 필요할 때마다 적용할 수도 있습니다. 예컨대 절개 부위를 봉합하거나 실을 묶을 때 이러한 기능을 사용하면 의사의 피로를 덜어줄 수 있습니다.

단점도 있습니다. 다빈치 로봇의 원격조종 시스템은 수술하는 의사가 수술 부위의 촉감을 손으로 느낄 수 없습니다. 직접 운전할 때는 도로의 거친 정도나 차체의 떨림 등을 운전대를 통해 손으로 느낄 수 있지만, 무선조종 자동차를 조종할 때 손으로는 자동차의 진동을 전혀 느낄 수 없는 것과 같은 이치입니다. 최근에는 실제 수술 부위에서 느낄 수 있는 촉감을 인공적으로 만들어내어 의사 손에 전달하는 기술이 개발되고 있습니다.

다빈치 로봇 수술 환경은 전통적인 수술과 비교했을 때 수술 훈련의 관점에서 새로운 장을 열어줄 수 있습니다. 의사의 손 움직임이 모두 전기신호화되어 컴퓨터로 들어가기 때문에 저장하고 다시 꺼내 쓸 수 있습니다. 한 의사의 좋은 수술 기술을 다른 의사가 손으로 느끼며 배울 수도 있습니다. 또 다양한 가상의 수술을 프로그래밍 해두면 의사들의 수술 훈련에서 큰 효과를 거둘 수 있습니다. 전통적인 수술을 배우려면 동물이나 의료용 시체를 구해서 모의 수술 경험을 쌓아야 합니다. 하지만 다빈치 로봇이 제공하는 컴퓨터 환경에서는 마치 VR 게임과 같은 원리로 의사에게 모의 수술 환경을 만들어줄 수 있습니다. 동물이나 시체를 이용한 모의 수술에 비해 윤리적·경제적 이점이 있습니다.

조금 다른 형태의 수술 로봇도 많이 연구되고 있습니다. 한 예로 단일 절개창 수술 로봇이라고 번역되는 single-port surgical robot이 있습니다. 다빈치 로봇은 두세 개의 수술 팔이 각각 하나의 절개창을 통해 신체로 들어갑니다. 여기에 카메라를 넣기 위한 절개도 필요합니다. 절개는 적게 할수록 출혈도 줄어들고 환자의 회복도 빠르다는 점에 착안해 하나의 절개 부위로 수술 팔과 카메라가 모두 들어갈 수 있게 만든 것이 단일 절개창 수술 로봇입니다.

기존의 다빈치 로봇만큼이나 매우 난도 높은 기술이 요구됩니다. 왜냐하면 하나의 구멍으로 최소 세 개의 팔이 들어가 수술과 촬영을 해야 하기 때문입니다. 다빈치 로봇처럼 수술용 로봇 팔이 직선 형태로 뻣뻣한 것이 아니라 들어갈 때는 직선 형태로 들어가지만 신체 내에서는 마치 뱀처럼 자유롭게 휘기도 하고 구석구석에 접근할 수도 있어야 합니다. 다빈치에 비해서는 상용화 단계가 늦었지만 수술 로봇 업계에 중요한 관전 포인트인 것은 확실합니다.

혹시 병원에서 로봇 수술을 권유받았다고 하더라도 로봇의 실수를 너무 걱정할 필요는 없습니다. 수술은 의사가 하는 것이고 로봇은 의사를 보조하는 수단이니까요. 기술의 발전이 현실의 한계와 우려를 극복해 왔다는 점을 상기해 볼 때 언젠가는 의사 없이 수술을 해주는 로봇도 등장하지 않을까 상상해 봅니다.

## 캡슐 내시경

수술 로봇뿐만 아니라 로봇공학 기술은 다양하게 의학계에 사용되고 있습니다. 그중 하나가 캡슐 형태의 내시경입니다. 기존의 내시경은 긴 막대 끝에 카메라를 연결한 구조이기 때문에 입이나 직장을 통해 넣었을 때 환자에게 물리적인 불편함을 줄 수밖에 없습니다. 또 도달할 수 있는 거리에도 한계가 있습니다. 위장보다 아래에 있는 십이지장이나 소장을 내시경으로 촬영하는 것은 매우 어려운 일이죠. 음식물이 소화되는 과정을 관찰하기 위해 장시간 내시경 촬영을 하는 것도 거의 불가능한 일입니다.

캡슐 내시경은 이러한 한계를 극복하게 해줍니다. 조금 큰 알약 크기의 캡슐 내시경 속에는 카메라와 배터리, 영상 정보를 무선으로 보낼 수 있는 장치가 내장되어 있습니다. 환자가 이 내시경을 삼키면 음식물과 함께 천천히 소화 기관을 따라 이동합니다. 캡슐 내시경은 이동 중에 일정한 시간마다 사진을 찍어 컴퓨터로 무선전송 하여 의사가 환자 몸속에 무슨 문제가 있는지 사진을 통해 진단할 수 있게 해줍니다.

이 방법의 걸림돌 중 하나는 캡슐의 움직임을 우리 마음대로 조종할 수 없다는 점입니다. 특정 부위에서 오래 머물며 사진을 찍을 수도 없고 방향을 바꾸어 구석구석 영상을 찍을 수도 없습니다. 이런 한계를 극복하고자 자기장을 이용한 캡슐 내시경 제어법이 활발히 연구되고 있습니다. 환자 몸 주변에서 자석을 움직여 캡슐 내시경을 움직일 수 있는데, 이 원리를 구현하는 방법으로 MRI 장비를 쓰는 아이디어가 학계에서 주목을 받고 있습니다.

MRI(magnetic resonance imaging, 자기 공명 영상법)는 CT처럼 사람 몸속 모습을 단층촬영 하는 장비입니다. 영상장비를 사용하여 캡슐 내시경을 움직이게 할 수 있다는 것이 다소 엉뚱하게 들릴 수도 있습니다. 이것은 MRI의 원리를 알면 쉽게 이해가 됩니다. MRI는 자기장에 수소 원자핵이 반응하는 것을 측정하여 영상을 만드는 장치입니다. 따라서 자기장을 만들고 다양하게 변화시킬 수 있는 장치가 들어 있습니다. 이 자기장 제어를 통해 캡슐 내시경도 조종할 수 있는 것입니다.

## 사람에게 다리를 선물하는 로봇 기술

미국 보스턴에서는 매년 봄 일반인이 참여하는 마라톤 대회가 열립니다. 뉴욕·런던·로테르담 마라톤 대회와 더불어 세계 4대 마라톤 대회 중 하나인 보스턴 마라톤 대회는 2만여 명이 참여하는 매우 큰 대회입니다. 2013년 4월 15일 이 대회에서 끔찍한 테러 사건이 있었습니다. 사제 폭탄 두 개가 폭발하여 세 명이 죽고 약 260여 명이 부상을 당했습니다.

아드리안은 수많은 관람객 중 한 명이었습니다. 테러 사고로 그녀는 왼쪽 무릎 아래를 절단해야 하는 고통을 겪었습니다. 더욱 안타까운 것은 그

그림 4-3  2014년 TED 강연에서 자신이 개발한 의족을 선보이는 MIT의 휴 헤르 교수

자료: https://commons.wikimedia.org/wiki/File:Hugh_Herr,_TED_2014.jpg

녀가 전문 댄서였다는 것입니다. 불의의 사고로 댄서로서의 삶을 포기해야 했던 그녀는 과학기술을 만나 1년도 채 되지 않아 걷고 춤출 수 있게 됩니다. MIT와 한 벤처기업이 손잡고 만든 인체공학 의족 덕분입니다.

아드리안을 위해 첨단 의족을 개발한 사람은 MIT의 휴 헤르(Hugh Herr) 교수입니다. 인체공학 의족 개발의 선두 주자 중 한 명인 그는 사실 의족 사용자이기도 합니다. 17살 때 뉴햄프셔주의 산을 오르다 조난당하여 구조되었으나 안타깝게도 두 다리를 잃었습니다. 그 때문이었을까요? 그는 인체공학 의족을 만드는 데 필요한 학문을 두루 섭렵했습니다. 학부에서 물리학을, 석사과정에서 기계공학을, 박사과정에서 생물리학을 전공했습니다.

단순한 의족 수준의 인공 다리로는 절뚝거리며 걸어야 하고 춤을 추는 등의 정교한 움직임은 만들어낼 수 없습니다. 신체 조건과 움직일 때의 신

경계 신호, 움직이는 패턴, 부상 양상 등이 사람마다 다르기 때문에 인체공학 의족은 사용자 개개인의 특성에 맞게 정교하게 설계해야 합니다. 인체공학 의족은 하나의 로봇이라고 할 수 있습니다. 그 속에 움직임을 만들어 주는 모터, 신경계가 근육에 전달하는 신호를 감지하는 장치, 그 신호를 처리하고 모터에 전달해 주는 소형 컴퓨터까지 들어 있습니다.

비슷한 기술이 적용된 웨어러블 장비들도 하나둘씩 소개되고 있습니다. 물건을 쉽게 들고 무거운 배낭도 거뜬히 짊어지게 해줄 수 있는 기기들이 일상생활에도 사용될 날을 기대해 봅니다.

## 2 왜 엑스레이 사진은 모두 흑백일까?

컴퓨터, TV, 스마트폰 등 모든 것이 컬러인 시대에 살고 있지만 병원에서는 아직도 흑백 사진을 흔히 보게 됩니다. 초음파 영상, 엑스레이, CT, MRI 등 의료 영상들은 모두 흑백입니다. 왜일까요?

### 물체가 색깔을 띠는 이유

우리가 물체의 색깔을 본다는 것은 무슨 뜻일까요? 태양빛과 같은 백색광은 특별한 색깔이 없어 보이지만, 사실은 우리가 느끼는 다양한 빛깔의 광선이 모두 합쳐져 있는 빛입니다. 백색광인 태양빛이 색깔별로 분리되는 경우가 있는데, 그중 하나가 바로 무지개입니다. 작은 수증기 방울 속을 통과하면서 빛은 굴절하는데, 굴절하는 정도가 빛의 색깔에 따라 다르기

그림 4-4 **뢴트겐이 찍은 엑스레이 사진**

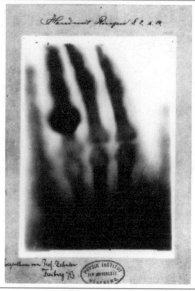

아내의 손과 결혼반지가 찍혀 있다.

때문에 무지개에서는 여러 가지 색깔이 나뉘어 보입니다.

이러한 백색광이 물체에 닿으면 물체 표면의 성질에 따라 어떤 빛은 흡수되고 어떤 빛은 반사됩니다. 이렇게 반사된 빛이 눈에 들어오면 우리는 그 물체의 색깔을 느끼게 됩니다. 파란색 물체는 파란색 광선을 선택적으로 반사하고 나머지는 흡수하기 때문에 파랗게 보이는 것입니다.

### 엑스레이의 발견

1895년 11월 8일 저녁, 독일의 물리학자 빌헬름 뢴트겐(Wilhelm Röntgen)은 음극선관을 이용하여 실험을 하고 있었습니다. 음극선관은 진공으로 된 유리관 안에서 고전압 전류를 이용하여 전자를 쏘아 여러 가지 실험을 할 수 있는 장치입니다. 훗날 브라운관 TV의 핵심 장치가 바로 음극선관입니다. 실험 중 뢴트겐은 음극선관을 두꺼운 종이로 감싸서 빛이 나올 수 없게 만들었는데, 그런데도 멀리 떨어져 있던 스크린이 밝게 빛났습니다. 그 스크린에는 백금시안화바륨이라는 화학 물질이 칠해져 있었습니다.

이 관찰을 통해 뢴트겐은 보이지 않는 광선이 음극선에서 발생하여 종이를 통과하고 화학 물질을 빛나게 한 것이라는 가설을 세웁니다. 그 미지의 광선이 사람 몸을 뚫고 지나가기도 하고, 뼈보다는 부드러운 조직을 더 잘 통과한다는 것도 알게 되지요. 아내의 손에 엑스선을 비춰 찍은 사진은 최초의 엑스선 사진으로 유명합니다.

### 엑스레이 영상법의 원리

엑스레이의 원리는 우리가 물체를 보는 원리와 다릅니다. 엑스레이는 방사능을 동반한 고주파의 전자기파입니다. 일상에서 쓰는 무선 전화기나 전자레인지가 사용하는 전파는 2.4GHz의 주파수를 가지는데, 이는 1초에 무려 20억 번 이상 진동하는 전파입니다. 엑스레이는 이 전파보다 수백만 배 이상 높은 주파수를 가집니다. 그렇다 보니 일반 전파와 달리 물체를 투과하는 능력도 크고 방사능까지 가지고 있습니다.

엑스레이 영상법에서는 환자 몸을 통과한 엑스레이를 필름이나 감지 장치에 받아 영상을 얻습니다. 환자 몸에 쏜 엑스레이는 일부가 몸에 흡수되고 나머지는 통과합니다. 엑스선을 흡수하는 정도는 신체 조직에 따라 다릅니다. 일반적으로 엑스선이 뼈를 통과할 때는 대부분 흡수되어 사라지지만 부드러운 조직은 잘 통과합니다. 엑스선이 조직에 흡수되는 정도를 감쇠 계수(attenuation coefficient)라고 부르는데, 조직에 따라 이 값이 다릅니다.

엑스선을 신체에 쏘고 그 뒤에 엑스선 필름 혹은 측정기를 두어 신체에 흡수되고 남은 엑스선을 측정합니다. 뼈를 통과한 엑스선은 대부분 흡수되므로 남은 엑스선은 매우 약합니다. 부드러운 지방층을 통과한 엑스선은 여전히 강합니다. 필름에 도달한 약한 엑스선이 흰색으로, 강한 엑스선이 검은색으로, 그리고 그 중간단계는 회색으로 나타나서 우리는 마치 환자 몸을 들여다보는 것처럼 느낍니다. 사실 엑스레이 사진에서 뼈가 하얗게 보이는 것은 실제로 뼈가 하얗기 때문이 아니라 엑스레이가 통과하지 못했기 때문입니다.

엑스레이 영상법의 한 가지 단점은 부드러운 조직의 모습을 자세히 알아내기 쉽지 않다는 점입니다. 앞에서 이야기한 감쇠 계수는 신체 조직에 따라 조금씩 다르지만 다른 두 조직이 같은 감쇠 계수 값을 가질 수도 있습니다. 이런 경우는 비록 다른 조직이라도 엑스레이 사진에서는 같은 밝기로 나오므로 구별할 수 없습니다. 근육이나 지방, 피부 등의 부드러운 조직은 감쇠 계수 값이 크게 차이 나지 않기 때문에 엑스레이 사진상에서 의학적 징후를 찾지 못할 가능성도 있습니다. 반면 뼈는 매우 뚜렷이 나타나기 때문에 엑스레이 사진은 정형외과에서 많이 쓰고 있습니다.

엑스레이 영상법은 위장조영촬영에도 쓰입니다. 위장 벽에 이상이 없는지 알아보는 엑스레이 영상법입니다. 일반 엑스레이를 찍으면 위장 벽이 명확히 보이지 않습니다. 그래서 황산바륨으로 만들어진 조영제와 발포제를 미리 먹습니다. 발포제는 탄산가스를 만들어 위장이 풍선처럼 팽창하게 해줍니다. 황산바륨 조영제는 위장 벽에 도포되는데 황산바륨은 엑스선을 통과시키지 않기 때문에 엑스레이 사진에서는 하얗게 나타납니다. 이 모양을 보며 위장 벽을 검사할 수 있습니다.

## 초음파 영상도 흑백이던데

병원에서 임신부에게 아기 심장 소리라며 들려주는 소리가 있습니다. 마치 태아의 심장 소리를 직접 증폭해 주는 것 같지만, 사실은 심장의 움직임을 소리로 바꿔준 것입니다. 초음파를 쏘아 되돌아오는 신호를 이용해 태아 심장의 움직임을 측정하고, 측정된 전자 신호를 적당한 소리로 바꾸어 들려주는 것입니다. 따라서 실제 심장 박동 소리와는 다른 소리입니다. 위독한 환자의 맥박을 삑삑 하는 소리로 들려주는 기계를 보셨을 겁니다. 영화나 드라마에서도 자주 보이죠. 이 소리도 실제 심장 소리와 다르지요. 집게 모양의 장치로 손가락 끝에 빛을 비추어 측정한 맥박의 움직임을 단순한 소리에 대응시켜 눈으로 보지 않고도 소리로만 환자의 맥이 잘 뛰는지 알 수 있습니다. 이처럼 의료 정보를 사람이 잘 인지할 수 있도록 변환하는 경우가 흔한데, 의료 영상 기기 대부분이 이러한 원리를 이용합니다.

초음파 영상 장치는 초음파 발생기와 측정기, 스크린으로 구성되어 있습니다. 초음파는 소리의 일종인데 귀에 들리지 않을 정도로 높은 주파수를 가지고 있습니다. 초음파는 몸속에서 피부, 근육 조직, 지방층, 뼈 등을 만나면 반사되어 되돌아옵니다. 이 반사된 초음파를 측정하면 어떤 조직이 인체 안에 있는지 알 수 있습니다. 초음파 신호는 반사한 조직의 물리적 특성, 예컨대 단단한 정도나 수분 함량 등에 따라 측정 신호가 달라집니다.

초음파 신호를 분석하여 조직의 물리적 특성을 밝게 혹은 어둡게 표현한 것이 초음파 영상입니다. 실제 조직의 색깔은 초음파 신호에서 알아낼 수가 없습니다. 그래서 초음파 영상도 엑스레이 사진처럼 밝거나 어두운 부분으로 구성된 흑백 영상입니다.

초음파 영상법에서는 움직이는 조직을 측정하는 것도 가능합니다. 움직이는 물체에서 발생하거나 반사된 음파는 정지된 물체에서 나오는 음파와 다른 주파수를 가집니다. 이를 도플러 현상이라고 합니다. 다가오는 응급차에서 들리는 사이렌 소리가 멀어지는 사이렌 소리보다 높은 음처럼 들리는 것도 도플러 현상 때문입니다. 앞에서 이야기한 태아의 심장 소리를 들려주는 기계도 이러한 원리를 이용한 것입니다.

### 공항에서 본 컬러 엑스레이는?

의료 영역을 벗어나면 컬러 엑스레이 사진을 찾아볼 수 있습니다. 환자가 방사선에 노출되는 것을 최소화하기 위해 의료용 엑스선은 강도와 종류가 제한됩니다. 그러나 물건 내부를 엑스선으로 검사할 때는 조금 더 강하고 다양한 종류의 엑스선을 쓸 수 있습니다. 대표적으로 비행기 탑승 전 수화물 검사 시에 엑스선을 이용합니다. 공항 안전 요원들이 보는 스크린을 유심히 보신 적이 있는지요? 녹색과 주황색 물건들이 화면에 표시됩니다. 이것은 실제 물건의 색깔이 아닙니다. 다양한 엑스선을 이용하면 해당 물체의 밀도를 알 수 있습니다. 이 밀도에 따라 유기물, 무기물, 금속 등을 대략 구별할 수 있고 이러한 몇 가지 종류에 색깔을 입혀 보여주는 것입니다. 이 색깔 정보는 시각적으로 더 빠르고 정확하게 위험물을 찾아내도록 도와줍니다.

공항에서는 몸에 숨긴 무기나 밀수품을 검사하기 위해 전신 스캐너를 사용하기도 합니다. 두 가지 종류가 주로 사용되는데 하나는 엑스레이를 이용한 것이고, 나머지는 밀리미터 웨이브를 사용한 것입니다.

백스케터(backscatter)라고 불리는 전신 스캐너는 방사선 피폭을 줄이기 위해 매우 약한 엑스레이를 이용합니다. 이 엑스레이는 옷은 통과하지만 옷 속에 숨긴 물건이나 피부는 뚫지 못하고 산란하는데, 이 흩어지는 엑스레이를 측정하는 방식입니다. 숨긴 물건의 모양을 화면에 나타낼 수 있어서 무기나 밀수품을 찾기는 쉬우나 대상자의 몸 형태도 필요 이상으로 자세히 나타나서 사생활 침해의 소지가 너무 컸습니다. 미국에서는 2013년부터 사용하지 않으며, 세계적으로도 사용이 제한되고 있습니다. 엑스레이 대안으로 밀리미터 웨이브를 사용한 스캐너가 그 뒤를 이어 널리 사용되고 있습니다. 엑스레이 방사능의 위험이 없는 전자기파를 사용한다고 합니다.

## 방사능을 측정하는 단위

잘 알려진 대로 방사능을 가진 엑스선은 인체에 해가 될 수도 있습니다. 2011년 후쿠시마 원전 사고 때문에 '시버트(sievert)'라는 방사능 단위를 뉴스에서 자주 접할 수 있었습니다. 이는 단순히 방사능의 강도를 나타내는 단위가 아닙니다. 방사능과 관련된 여러 가지 물리량에 대해 알아봅시다.

방사능 단위에는 여러 가지가 있습니다. 우선 물리학적으로 원자핵 하나가 붕괴할 때 1초 동안 발생하는 방사능의 양을 1베크렐(Bq: Becquerel)

이라고 규정합니다. 이 단위는 방사능의 존재와 발생에 관한 연구로 1903년 노벨 물리학상을 받은 물리학자 앙투안 베크렐(Antoine Becquerel)의 이름에서 따온 것입니다. 이 단위가 국제표준 단위로 만들어지기 전까지는 퀴리라는 단위를 썼는데 이것은 같은 해 노벨 물리학상을 베크렐과 공동 수상한 마리 퀴리의 이름에서 따온 것입니다.

'그레이(gray)'라는 단위도 있습니다. 방사능이 어떤 물질에 얼마나 흡수되었는지를 나타내는 단위입니다. 생물에 방사능이 얼마나 어떻게 흡수되는지를 따로 연구하여 표준화한 단위가 '시버트'입니다. 방사선 노출과 생물학적 영향을 연구한 의학자이자 물리학자인 롤프 시버트(Rolf Sievert)의 이름에서 따왔습니다. 흔히들 방사능 피폭량을 말할 때 이 단위를 씁니다.

세계보건기구는 연간 허용 피폭량을 1마이크로시버트(mSv)로 정하고 있습니다. 가슴 엑스레이를 다섯 번 정도 찍으면 채워지는 기준입니다. CT의 경우는 한 번 촬영으로 이 기준을 넘어섭니다. 허용 피폭량에 대해서는 여러 논란이 있습니다. 중금속이나 화학 물질은 어느 기준까지는 인체가 감당할 수 있는 경우가 많아서 허용 기준치를 마련해 두고 있지만, 방사능은 이와는 조금 달라서 더 면밀한 연구와 결정이 필요해 보입니다.


## 방사능을 다루는 사람들

의사나 간호사 등 의료인들은 직업상 엑스레이를 자주 다루고 어쩔 수 없이 방사선 노출량도 많습니다. 매일 환자를 돌보고 긴급한 상황에 대처해야 하는 직업의 특성상 각자의 방사능 기기 사용 횟수와 양을 아무리 꼼꼼하게 기록하고 관리한다고 해도 누락 가능성이 있습니다. 그래서 방사선 의료 기기를 다루는 의료인들은 주로 가슴 주위에 명찰과 비슷한 방사능 배지를 부착하고 있습니다. 방사능에 반응하는 필름이 들어 있어서 일정 기간마다 얼마나 방사선에 노출되었는지 측정해 의료 종사자들의 과다 방사선 노출을 방지하고 있습니다.

초기 엑스레이 연구자들은 방사능의 위험성을 알지 못해서 엑스레이나 방사성 물질에 너무 많이 노출되기도 했습니다. 마리 퀴리는 방사성 물질인 라듐에 관한 연구로 1911년에 두 번째 노벨상을 받았는데요, 정작 본인은 그 방사능이 얼마나 인체에 치명적인지 알지 못했나 봅니다. 추출한 라듐을 주머니에 넣고 다닐 정도였다고 하니까요. 결국 방사선 노출이 원인으로 의심되는 악성 빈혈 등으로 66세에 사망합니다. 파리 근교에 안장되었던 마리 퀴리와 그의 동료 연구자이자 남편인 피에르의 묘는 1995년에 프랑스의 현충원으로 불리는 팡테옹으로 이장됩니다. 이때 시신의 방사능을 측정했는데 피에르의 몸에서 꽤 높은 방사능이 나오고 있었다고 합니다.

엑스레이의 방사능과 달리 라듐과 같은 물질에서 나오는 방사능은 에너지가 큰 만큼 위험도도 높습니다. 방사성 물질이 자연스럽게 붕괴하여 시간이 지나면 방사능이 줄어드는데, 방사능 양이 절반이 되는 시간을 반감기라고 부릅니다. 후쿠시마 원자로 사고에서 나온 세슘이라는 물질의 방사능 반감기가 30년으로 알려져 있는데 이 말은 30년이 지나야 방사능 양이 지금의 절반으로 떨어진다는 이야기이고, 60년이 지나도 25%의 방사능이 그대로 남아 있다는 뜻입니다. 마리 퀴리의 라듐은 반감기가 약 1600년이라고 하니 초기 연구자들이 얼마나 위험한 연구를 했는지 놀랍기도 하고, 그들의 희생에 감사하는 마음도 듭니다.

## 3 몸속 사진을 찍는 과학기술

### CT의 작동 원리

병원에서 CT 촬영이나 MRI 촬영을 권유받을 때가 있습니다. 이 두 영상 기기는 모양도 비슷하고 몸속의 단면 영상을 보여준다는 점에서도 유사하

그림 4-5 **CT와 MRI 장치**

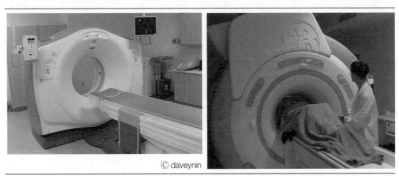

© daveynin

자료: https://commons.wikimedia.org/wiki/File:UPMCEast_CTscan.jpg(왼쪽), https://commons.wikimedia.org/wiki/File:MRI_machine_with_patient_(23423505123).jpg(오른쪽)

그림 4-6 **숫자 맞추기 퍼즐**

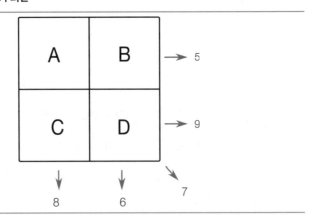

지만 원리와 특징은 매우 다릅니다.

CT 촬영을 이야기하기 전에 간단한 퍼즐을 풀어봅시다. 〈그림 4-6〉처럼 모르는 숫자 네 개와 그것을 알아낼 수 있는 힌트가 있습니다. 5와 9는 가로 방향으로 숫자를 더한 결과이고 8과 6은 세로 방향의 합입니다. 7은 대각선으로 합한 값입니다. 예컨대 A + B는 5이고 A + D는 7입니다. 네 개의 모르는 숫자 A, B, C, D를 찾아보세요.

중학교 수학 시간에 배우는 연립방정식을 이용하면 쉽게 풀 수 있습니다. A + B, B + D, A + D가 각각 5, 6, 7이므로 다 더하면 18입니다. 이는 A, B, D 각각 두 개씩을 더한 것과 같아야 합니다. 따라서 2(A + B + D) = 18을 얻고 A + B + D = 9임을 알 수 있습니다. B + D가 6이라고 했으니 A는 3이군요. 이런 방법으로 나머지 숫자를 구하면 B = 2, C = 5, D = 4가 됩니다.

사실 풀이법 자체보다는 중첩된 정보에서 각각의 정보를 얻을 수 있다는 사실이 중요합니다. CT 영상법이 여기에서 출발합니다. CT(Computed Tomography, 컴퓨터 단층 촬영)는 엑스레이를 사용합니다. 일반 엑스레이 사진은 한 장의 결과 영상을 보여줍니다. 영상에서는 겹쳐서 표현되는 부분이 존재합니다. 예컨대 폐결핵 진단을 위해 흉부 엑스레이를 찍으면 좌우 폐는 영상의 왼쪽과 오른쪽에 따로 나타나지만, 배와 척추, 등의 피부 조직 영상은 중첩되어 나타납니다. 등을 통과한 엑스레이가 척추와 배를 순차적으로 통과한 뒤 필름에 도달하기 때문입니다. 엑스레이가 여러 조직 층을 통과한 뒤 필름에 영상을 만드는 과정을 프로젝션이라고 부릅니다. 만약 환자가 90도 왼쪽으로 돌아서서 엑스레이를 찍으면 어떻게 될까요? 이번에는 좌우 허파의 영상이 중첩되고 배와 척추는 중첩 없이 영상에 나타납니다. 이처럼 어느 방향으로 엑스레이를 찍느냐에 따라서 겹쳐지는 부분과 분리되는 부분이 변합니다. 마치 앞의 퍼즐에서 5와 9는 아래 줄과 위 줄의 정보를 분리해서 보여주지만, 좌우의 정보는 겹쳐서 보여주는 것과 비슷합니다.

CT 촬영법은 이렇게 다양한 각도에서 찍은 프로젝션 영상을 모아 신체 내의 모습을 수학적으로 재구성하여 화면에 나타내는 의료 영상법입니다. 다양한 각도에서 찍기 위해 환자는 도넛 모양의 CT 기계 속에 누워 있고 엑스레이 발생기와 엑스레이 감지기가 환자 주변을 돌아가면서 엑스레이를 찍습니다. 앞의 퍼즐을 이용해 이해해 봅시다. 우리 몸속의 모습은 알 수 없는 숫자 A, B, C, D에 대응됩니다. CT 장치의 엑스레이는 우리 몸을 통과하면서 조직의 특성에 따라 강도가 약해집니다. 약해진 엑스레이가 감지기에 찍히면 퍼즐의 5나 7과 같은 정보가 됩니다. 이 정보를 다양한 방향에서 얻어야만 몸속의 모습을 자세히 복원할 수 있겠지요.

많은 양의 엑스레이 데이터를 하나의 단면 영상으로 재구성하는 컴퓨터 작업이 필요하고 관련된 알고리즘의 발전도 필수적입니다. 적은 방사선 노출로도 선명한 CT 영상을 얻을 수 있도록 개선된 컴퓨터 알고리즘이 꾸준히 소개되고 있습니다. MRI보다 빨리 찍을 수 있기 때문에 교통사고 환자와 같이 급한 경우에는 먼저 CT를 찍어 전체 상황을 파악하고 추후에 MRI를 찍는다고 합니다.

CT 촬영법에 쓰이는 영상 재구성 방법은 다소 복잡한 수학을 사용합니다. 푸리에 변환이라는 것입니다. 프랑스의 수학자 푸리에에 의해 19세기 초에 발표된 푸리에 변환은 우리 일상에 깊숙이 들어와 있습니다. 이 변환을 이용하면 소리를 주파수 영역별로 분리할 수 있습니다. 이퀄라이저라는 음향 기기가 있습니다. 이것을 이용하면 낮은음 영역을 높여서 음악을 웅장하게도 만들 수 있고 높은음 음역대를 줄여서 듣기 싫은 노이즈를 제거할 수도 있습니다. 푸리에 변환은 영상에도 많이 쓰입니다. 노이즈가 많은 영상을 부드럽게 만들 수도 있고 흔들리거나 초점이 맞지 않는 사진도 보정할 수 있게 해줍니다.

CT 촬영법에서는 조금 다른 방식으로 푸리에 변환이 사용됩니다. CT 기계에서 얻은 프로젝션 영상을 푸리에 변환 하여 단순 조합하면 우리가 원하는 단면 영상을 바로 푸리에 변환 한 것과 같다는 것이 증명되어 있습니다. 단순 조합된 푸리에 변환 정보를 역으로 변환하면 원하는 영상을 얻을 수 있습니다. 이 과정은 앞에서 본 퍼즐처럼 방정식의 해를 구하는 방식이 아니라 단순 계산을 빨리하면 되기 때문에 효율도 좋습니다.


## MRI의 작동 원리

MRI 장비는 모양이 CT 장비와 매우 비슷합니다. 갠트리(gantry)라고 불리는 도넛 모양의 구조체와 그 속에 환자가 누울 수 있는 테이블이 있습니다. 인체는 약 70%가 물로 이루어져 있고, 물은 하나의 산소 원자와 두 개의 수소 원자로 이루어지므로 몸속에는 수많은 수소 원자가 존재합니다. 수소 원자는 진동하는 자기장 내에서 공진하는 특성을 보이는데 MRI는 이 성질을 이용한 의료 영상법입니다.

전자석을 이용하여 진동하는 자기장을 인체에 전달하면 신체 내의 수소 원자가 특정 진동에 공진하게 되고 이를 측정하여 수소 원자의 존재를 알아낼 수 있습니다. 신체 조직에 따라 수소 원자의 양이 달라 공진 반응에 차이가 나는데 이를 이용하여 신체 내부의 모습을 영상으로 만들 수 있습니다.

MRI 장비는 자기장을 만들기 위해 강력한 전자석을 사용합니다. 그래서 MRI가 있는 방에서는 자성을 가진 물체를 조심해야 합니다. 작동하고 있는 MRI 주변에 철로 된 펜이나 동전 등이 있으면 최악의 경우에는 그 물체들이 매우 빠른 속도로 날아가서 MRI 장비를 파손시킬 수도 있습니다. 총으로 위협받고 있는 주인공이 MRI를 작동시켜 위기를 모면하는 등의 영화 장면이 가능한 것은 바로 이 때문입니다.

MRI는 뇌 연구에도 활발히 쓰입니다. 감정 상태나 자극의 종류에 따라 뇌의 활성 부위가 다르다고 알려져 있는데 이를 MRI로 확인할 수 있습니다. 뇌의 특정 부위가 활성화되면 그 부분에서 이용되는 산소의 양이 증가합니다. 산소는 헤모글로빈에 붙어서 산화 헤모글로빈을 만들기 때문에 산소가 붙지 않은 환원 헤모글로빈의 농도는 떨어집니다. 공교롭게도 산화 헤모글로빈은 자성이 없고 환원 헤모글로빈은 자성이 있기 때문에 MRI 장치가 그 미묘한 차이를 알아낼 수 있습니다. 예컨대 실험 대상자에게 어떤 음악을 들려주기 전과 후의 뇌 모습을 MRI로 찍어서 그 차이를 관찰하면 그 음악이 뇌의 어느 부위를 활성화하는지 알 수 있습니다. 이를 '기능적 MRI' 혹은 fMRI라고 부르며, MRI 연구에서 요즘 가장 주목받는 분야 중 하나입니다.

MRI 장비는 진단용 장비로 개발되었으나, 최근 10년간 수술 장비로의 변신에 도전하고 있습니다. MRI 장비는 전자석을 이용하기 때문에 전자석의 세기를 조절하면 주변의 자성체를 천천히 움직이게 할 수 있습니다. 최근 하버드 대학교 의과대학의 한 연구 팀은 MRI 장비 내에서 작동하는 간단한 수술 로봇을 개발해 이목을 끌었습니다. 연구 팀은 플라스틱으로 된 로봇 속에 모터를 대신할 작은 자성체를 넣었습니다. MRI가 만들어내는 자기장으로 자성체를 회전시켜 그 동력으로 수술 로봇을 구동하는 데 성공했습니다.

이렇게 MRI 장비 내에서 구동하는 로봇의 장점은 시술이 잘되고 있는지 MRI 영상을 통해 바로 확인할 수 있다는 점입니다. 단, 사용하는 도구들이 자성이 크면 안 됩니다. 앞에서 이야기한 대로 MRI의 강력한 자성 때문에 위험하기도 하고 영상이 형성되는 과정을 방해하기도 합니다. 이를 위해 MRI 장비 내에서 사용하는 장비들과 물질은 MRI 적합성(MRI compatibility)을 확인받아야 합니다.

CT와 MRI의 역사는 50여 년으로 비교적 짧습니다. 두 영상법 모두 측정된 신호의 강약을 검은색, 회색, 흰색에 대응시켜 영상을 만들기 때문에 흑백 영상만 만들 수 있습니다. 비록 우리에게 익숙한 컬러 영상은 아니지만, CT와 MRI가 개발되어 여러 가지 질병을 진단하고 미리 대비할 수 있게 된 것은 참으로 감사한 일입니다.


## 4  단백질 사진을 찍는 연구


노벨상 수상자가 발표되는 10월이 되면 누가 어떤 연구로 수상자가 될지 궁금해집니다. 필자는 2017년 노벨 화학상 수상자 사진에서 낯익은 얼굴이 보여 반가웠습니다. 세 명의 공동 수상자 중 한 명이 뉴욕 컬럼비아

대학교의 요아힘 프랑크(Joachim Frank) 교수였습니다. 필자가 박사과정 학생일 때 그의 연구를 이해하려고 애쓰던 기억이 생생합니다. 그는 생체 단백질 구조를 밝히는 실험 및 데이터 처리법 중 하나를 새로 구축한 공로로 노벨상을 받았습니다.

단백질은 어떤 모양일까요? 이 질문에 대한 답을 찾는 것이 분자생물학이나 구조생물학의 주된 연구 목표인데요, 이 질문에 앞서 단백질의 생김새가 왜 중요한지를 먼저 생각해야겠군요. 간단히 답하자면 단백질의 생김새를 통해 그 기능을 미루어 짐작하거나 설명할 수 있기 때문입니다. 마치 바퀴를 보면 굴러간다는 기능을 쉽게 추측할 수 있고, 그릇을 보면 무언가 담을 수 있는 쓰임새를 상상할 수 있는 것처럼 말이죠.

모든 학문은 일맥상통하는 걸까요? 19세기 말부터 20세기 초에 걸쳐 시카고 건축학파를 이끈 유명한 건축가 루이스 설리번(Louis Sullivan)은 이렇게 말했습니다.

"형태는 기능을 따른다(Form follows function)."

건축에서도 기능과 모양을 분리할 수 없겠지요.

단백질 분자 구조를 보면 탄소, 질소, 산소, 수소 원자들로 구성된 기본 단위가 반복해서 길게 선형으로 연결되어 있습니다. 이 각각의 기본 단위에 복잡한 분자 덩어리가 더 붙을 수 있는데 이것이 바로 아미노산입니다. 복합 아미노산, 필수 아미노산 등의 문구를 영양제 광고에서 보신 적이 있으시죠. 우리 몸에서는 20가지의 아미노산이 발견됩니다. 우리가 먹은 단백질은 소화를 통해 아미노산 형태로 잘게 쪼개어집니다. 우리 몸은 그 아미노산을 재료로 다시 단백질을 만들어 필요한 곳에 사용합니다.

단백질이라고 하면 근육이 떠오를 정도로, 단백질은 근육을 이루는 기본 재료로 매우 중요합니다. 이뿐만 아닙니다. 면역 체계, 호르몬, 혈액 등 단백질이 필요한 곳은 셀 수 없이 많습니다. 신기한 것은 이 단백질들이 고정된 모습으로 있는 것이 아니라 끊임없이 움직이며 프로그램 된 역할을 해낸다는 점입니다.

예컨대 세포 속에는 리보솜(ribosome)이라는 세포 기관이 있습니다. 리보솜은 단백질을 만들어내기 때문에 단백질 공장이라고도 불리는데, 리보솜 자체가 커다란 단백질이기도 합니다. 우리가 먹은 단백질은 소화를 통해 아미노산 단위로 잘게 분해된 뒤 리보솜에서 재배열되어 우리 몸에 필요한 단백질이 됩니다. 리보솜은 이 과정에서 특정 움직임을 동반하여 단백질을 만들어냅니다. 만약 이 움직임을 방해하면 리보솜이 역할을 하지 못합니다. 이러한 과정에 착안하여 개발된 특정 종류의 항생제도 있습니다. 이 항생제들은 세균 세포의 리보솜이 잘 움직이지 못하도록 물리적으로 방해합니다. 결과적으로 단백질을 생산하지 못한 세균 세포는 죽게 됩니다. 마치 정교하게 돌아가는 기계 장치 속에 커다란 쇳조각을 넣어서 작동을 방해하는 것과 비슷한 원리입니다. 리보솜 단백질이 움직이며 단백질을 만든다는 사실을 모른다면 이런 항생제는 만들어낼 수 없었겠죠.

그러면 단백질의 모양은 어떻게 알아낼까요? 대부분의 단백질은 매우 작기 때문에 광학 현미경으로는 자세한 구조를 알 수 없습니다. 단백질의 구조를 알아보는 전통적인 방법으로는 엑스선 결정학이 있습니다. 단백질이 격자를 형성하여 반복되는 결정을 만들도록 환경을 만들어주고 엑스선을 쏘아 생기는 회절 무늬를 이용해 단백질의 모습을 추정하는 방법입니다. 격자 형태로 결정을 만들 수 있어야 가능한 방법이어서 결정화가 안 되는 단백질은 다른 방법으로 구조를 파악해야 합니다.

2017년 노벨 화학상을 받은 세 명은 전자 현미경을 이용하여 생체 단백질의 3차원 구조 정보를 얻는 방법을 집대성했습니다. 결정화가 되지 않아 엑스레이 방법을 쓸 수 없는 단백질의 구조를 알 수 있게 되었습니다. 전자 현미경법은 신기하게도 의료계에서 사용하는 CT 단층촬영법과 유사한 부분이 있습니다. 이 책에서도 따로 다루고 있는 CT 단층촬영법은 환자의 엑스레이 사진을 다양한 방향에서 여러 장 찍은 뒤 컴퓨터 계산을 통해 신체 단면의 모습을 재구성하는 방법입니다. 전자현미경법은 단백질을 낮은 온도에 넣어 고정하고 전자 현미경으로 사진을 찍습니다. 다양한 방향에서 찍은 여러 장의 전자 현미경 사진을 통합하여 3차원적인 단백질의 구조 정보를 얻어냅니다.

단백질에 관한 연구는 전통적으로 생물학의 영역이었습니다. 하지만 연구가 진행될수록 첨단 기술 장비가 사용되고 고용량의 영상과 데이터 처리가 필수 과정이 되고 있습니다. 이 과정에서 공학자들의 참여가 자연스럽게 이루어졌습니다. 폭발적으로 증가하고 있는 이와 같은 융합 연구가 인류에게 새로운 선물을 안겨줄 원천이 될 것으로 예상해 봅니다.


## 5 신종 코로나바이러스

2000년 이후로 몇 년에 한 번씩 비슷한 혼란을 겪고 있습니다. 2003년의 사스, 2009년의 신형 인플루엔자, 2015년의 메르스, 2019년 말부터 시작된 신형 코로나바이러스까지 거의 5~6년에 한 번씩 전 세계가 바이러스 때문에 고초를 겪고 있습니다.

이 이야기를 쓰고 있는 2021년 6월을 기준으로 신종 코로나바이러스 누적 확진자 수는 전 세계적으로 1억 7000만 명을 넘었고, 한국에서는 14만 5000여 명의 환자가 나왔습니다. 다행스러운 점은 2020년 11월에 여러 제약회사에서 백신이 나왔다는 점입니다.

많은 질병이 바이러스와 박테리아로부터 발생합니다. 이 두 가지 미생물은 특성이 확연히 달라서 치료와 예방법도 차이가 납니다.

흑사병, 파상풍, 장티푸스, 식중독 등은 박테리아, 즉 세균이 인체에 침입하여 일으키는 병입니다. 박테리아는 크기가 약 1~5㎛ 정도여서 전자현미경으로 볼 수 있습니다. 박테리아는 스스로 살아갈 수 있는 기관을 가진 단세포생물입니다. 이러한 박테리아에 감염되면 주로 항생제를 처방합니다. 항생제 중에는 박테리아의 세포벽을 파괴하는 종류도 있고, 박테리아 내의 단백질 생산 과정을 방해하는 종류도 있습니다.

바이러스는 박테리아와 비교했을 때 생물학적으로 매우 다릅니다. 바이러스의 구조와 생명 활동을 보면 과연 이게 생명체인지 의문이 들 정도입니다. 먼저 크기가 매우 작습니다. 대략 수십~수백 nm인데요. 단세포생물인 박테리아의 100분의 1 정도의 크기입니다. 생명체의 기본 단위인 세포 하나보다도 작다 보니 생명 활동에 필요한 세포 기관이 없습니다.

바이러스는 생명 정보가 담긴 DNA나 RNA와 같은 유전 물질이 단백질 껍질에 싸여 있는 매우 단순한 형태입니다. 비유하자면 기계 설계도를 담고 있는 상자와 비슷합니다. 설계도로 기계를 만들 수는 있지만, 설계도 자체가 기계는 아니죠. 그래서 바이러스는 생명체가 아닌 것처럼 보이기도 합니다.

숙주가 되는 생명체가 바이러스에 감염되면 바이러스는 숙주의 세포 속으로 침투합니다. 건강한 세포는 자신이 가진 DNA와 RNA를 이용해 정상적으로 활동하지만, 바이러스에 감염된 세포는 바이러스의 DNA와 RNA가 내리는 엉뚱한 지시를 따릅니다. 마치 좀비처럼 이상한 행동을 하게 되는 것이죠. 감염된 세포는 정상적인 생명 활동을 못 하고 바이러스를 증식하는 데 이용됩니다. 결국 증식된 바이러스는 감염된 세포를 파괴하며 빠져나옵니다. 숙주는 자기 몸에서 증식된 바이러스를 다른 숙주로 옮기고 자기 자신도 여러 가지 기능 저하를 겪습니다. 독감 바이러스에 걸렸을 때 우리가 겪는 과정이 이와 같습니다.

바이러스가 우리 몸에 들어와 세포 속으로 침투하고 증식하기까지는 시간이 걸립니다. 이 시간을 우리는 잠복기라고 부릅니다. 이 용어에는 다소 오해의 소지가 있습니다. 잠복은 행동하지 않고 때를 기다린다는 뜻으로 이해되기 쉽지만 바이러스는 이 잠복기 동안 숙주 세포에 침투하려고 한판 전쟁을 치릅니다. 잠복기를 영어로 incubation period라고 하는데 직역하면 '배양 기간' 정도가 되겠습니다. 이 용어가 잠복기보다는 오해의 소지가 적은 것 같습니다.

공식 명칭 코비드19(COVID-19)를 부여받은 신종 코로나바이러스는 여러 가지 코로나바이러스 중 한 종류입니다. 코로나는 태양과 같은 천체의 표면에서 빛나는 플라즈마 기체를 뜻합니다. 코로나바이러스가 태양 표면의 모습과 비슷하다고 하여 붙인 이름입니다.

앞에서 말한 대로 바이러스는 단백질 껍질이 유전 물질을 감싸고 있는데, 숙주의 세포에 침투할 때 이 단백질 껍질이 매우 중요한 역할을 합니다. 코로나바이러스의 껍질에 있는 뾰족한 스파이크 단백질이 숙주 세포 표면의 수용체와 결합해 세포 속으로 들어갑니다. 숙주 세포 표면의 수용체는 수문장 역할을 하는데, 바이러스의 스파이크 단백질이 이 수문장을 속이고 문을 열도록 하는 것입니다. 세포에 수용체가 처음부터 없었다면 이런 일도 없지 않을까 생각할 수 있겠지만, 세포도 대사 과정을 통해 외부와 물질 교환을 해야만 살아갈 수 있어서 수용체가 꼭 필요합니다.

바이러스 치료와 예방이 어려운 이유는 바로 이 바이러스 껍질을 이루는 단백질이 변이를 잘 일으키기 때문입니다. 사스, 메르스, 그리고 이번 신종 코로나까지 모두 코로나바이러스의 일종입니다. 다만 단백질 구조가 서로 다른 종류여서 약을 만들기 어렵습니다. 면역이 생기기도 힘듭니다. 특정 단백질 구조의 바이러스를 한번 겪고 이겨내면 그 구조에는 면역이 생기지만, 단백질 구조가 살짝 바뀐 변종 바이러스에는 기존 면역이 제대로 작동하지 않는 경우가 많습니다.

코로나바이러스의 일종인 사스와 메르스 등이 출현하는 과정을 통해 질병학계는 앞으로도 코로나바이러스의 변종이 계속 나타날 것이라고 이미 오래전 예측한 바 있습니다. 불행히도 그 예상은 적중하여 2019년 말에 신종 코로나바이러스가 발생했습니다. 다행히 백신이 개발되었지만, 변이를 일으킨 코로나바이러스에 대한 걱정도 공존하고 있습니다. 치료제도 나오고 있으니 코로나의 공포에서 벗어나기를 기대해 봅니다.

## 05

일상 속의 과학기술

## 1 주유할까요, 충전할까요?

2017년 8월의 어느 저녁이었습니다. 아는 분께서 다급한 목소리로 전화를 하셨습니다.

"박 교수님, 차에 기름 넣으셨어요? 안 넣으셨으면 지금 빨리 넣으세요."

그해 여름, 텍사스 남부 휴스턴 지역을 강타한 허리케인 하비의 영향으로 가솔린 공급에 차질을 빚을 거라고 하더군요. 실제로 당시 북텍사스 지역에서는 약 2주간 주유소에 기름이 없어 꽤 불편했습니다. 나중에 밝혀진 사실이지만 기름 부족 사태는 허리케인 때문이 아니라 괜한 걱정으로 미리 휘발유를 넣으려고 모여든 사람들 때문이었습니다.

급히 주유를 마치고 감사 인사 전화를 했더니 지인께서 대답했습니다.

"제 차는 전기차라서 걱정 없어요. 교수님도 이참에 전기차로 바꾸세요."

### 가솔린 자동차에서 전기 자동차로

거의 100년 동안 인류는 가솔린 자동차를 사용해 왔고, 눈부신 발전을 이뤘습니다. 운전도 편리해지고 에너지 효율도 좋아졌습니다. 배기가스 문제도 완벽하진 않지만, 초기 자동차에 비하면 비약적으로 완화되었습니다. 하지만 여전히 아쉬움은 많죠. 아무리 좋아졌다고는 하지만 자동차 배기가스는 여전히 도심 공기오염의 주원인이고, 가솔린이 연소할 때 발생하는 이산화탄소가 온실효과를 낸다는 것은 이미 잘 알려진 사실입니다. 가솔린 엔진의 소음을 완전히 없앨 수는 없고, 특히 연료 효율이 40%가 되지 않는다는 것은 현대 공학 기술의 관점에서 보면 다소 초라하기까지 합니다. 가솔린 연료로부터 얻은 100이라는 에너지 중 60 이상은 어쩔 수 없이 열과 소리, 불필요한 진동 등으로 사라지는 것이 현재 우리가 쓰는 내연 기관 자동차의 한계입니다.

전기 자동차가 가솔린 엔진 자동차보다 먼저 고안되었다는 사실은 한편으로는 놀랍기도 하고, 어쩌면 당연하기도 합니다. 무려 1800년대 초반에 유럽과 미국 등에서는 새로운 기계의 한 형태로 전기 자동차를 만들어 국제박람회 등에 소개했다고 합니다. 가솔린 엔진은 기본적으로 석유 연료의 폭발을 제어할 수 있는 기술과 고온·고압을 견딜 수 있는 재료, 그리고 좋은 효율과 승차감을 위한 변속기 기술 등을 기반으로 하기 때문에 전기 모터에 비해 개인용 자동차에 사용하기는 어려웠습니다. 그러나 1900년대 초반 들어 원유의 대량 시추가 가능해지고 영국에서 시작된 산업혁명이 전 세계적으로 확대되면서 내연 기관 엔진을 기본으로 하는 자동차가 생산되기 시작했습니다. 현대의 대량 생산 시스템을 구축한 포드 자동차 회사가 미국에서 가솔린 엔진 자동차의 대중화를 이끈 것이 큰 계기가 되었습니다. 그로부터 100여 년이 지난 지금, 다시 전기 자동차에 전 세계가 관심을 쏟는 것은 주목할 만한 현상입니다.

개념적으로 전기 자동차는 구조가 간단합니다. 충전 가능한 배터리를 모터에 연결하고 모터 축에 바퀴를 달면 되죠. 물론 현실적으로는 많은 기술적 뒷받침이 필요하고 특히 고용량 배터리 개발과 충전 시설과 같은 사회적 인프라가 필수적입니다. 그 때문이었을까요? 자동차 업계는 중간 단계인 하이브리드 자동차를 먼저 시장에 내놓았습니다. 지금은 미국 도로에서 하이브리드 마크가 붙은 자동차를 쉽게 찾아볼 수 있지만, 필자가 박사 과정을 밟던 2000년대 초중반만 하더라도 그 마크는 흔하지 않았습니다. 토요타 프리우스가 거의 유일하게 대중화에 성공한 하이브리드 자동차였습니다. 환경 운동에 관심이 많다는 배우 리어나도 디캐프리오(Leonardo DiCaprio)가 10여 년간 몰았다고 해서 더 유명해졌죠. 그 차를 볼 때마다 사람들이 궁금했던 건 '충전은 어떻게 하는가'였습니다. 하이브리드라는 것이 두 가지 종류를 조합해 놓았다는 뜻이니 전기와 가솔린을 동시에 쓴다는 것은 쉽게 상상할 수 있었습니다. 그러나 초기 하이브리드는 외부 충전을 하지 않았기 때문에 사람들은 혼란스러울 수밖에 없었습니다.

초기 하이브리드 자동차의 개발 목적은 가솔린 엔진의 효율을 높이는 것이었습니다. 방법은 바로 전기를 이용하는 거였죠. 앞에서 이야기한 것처럼 가솔린 엔진의 기본 효율은 그다지 높지 않습니다. 여기에 한 가지 더 에너지가 낭비되는 부분이 있는데, 바로 브레이크입니다. 공장용 기계라면 대부분 일정 시간 계속 돌아가겠지만, 자동차는 가다 서다를 반복할 수밖에 없습니다. 기껏 속도를 올려봤자 교통신호나 정체 때문에 어쩔 수 없이 감속해야 합니다. 브레이크를 밟으면 자동차의 속도 에너지는 브레이크에서 마찰열 에너지로 전환되고 결국 자동차 외부로 날아가 버립니다. 하이브리드 자동차의 개발자들이 주목한 것이 바로 '이렇게 없어지는 에너지를 다시 쓸 수 없을까'였습니다. 하이브리드 자동차의 브레이크는 기존 마찰 브레이크와 발전기를 적절히 합해놓은 것입니다. 안전이 위협받지 않는 조건에서는 발전기가 자동차 축에 걸리는 방식으로 브레이크가 작동하여 감속하게 되고, 그 전기 에너지를 배터리에 저장해 뒀다가 저속 주행 시 모터를 회전하는 데 사용합니다. 가솔린 엔진은 저속일 때 효율이 아주 낮습니다. 그래서 저속일 때는 모터로 자동차를 구동하는 것이 이득이죠. 결론적으로 하이브리드 자동차는 가솔린만 연료로 사용하되, 내부적인 작동은 적절히 가솔린 엔진과 전기 모터가 주행 속도에 따라 자동으로 선택되며 브레이크를 통한 에너지 손실을 전기로 전환해 다시 이용하는 자동차입니다.

하이브리드 다음 단계로 나온 것이 PHEV(Plug-in Hybrid Electric Vehicle) 입니다. 충전 가능 하이브리드 전기차로 번역되겠군요. 엔진과 모터를 위해 가솔린도 넣고 전기도 충전하는 자동차입니다. 조금 더 전기 자동차에 가까운 모델입니다. 전기 자동차의 대중화 앞에는 충전이라는 큰 문제가 있습니다. 앞서 말한 하이브리드는 외부 충전을 하지 않는 것이었지만, 좀 더 확실한 전기 자동차의 이점을 살리려면 충전이 가능한 제품을 만들어야 했고, 현재 몇 가지 충전 방법이 상용화되어 있습니다. 우선 가정에서의 충전은 일반 대중의 생활 방식에 크게 좌우됩니다. 미국의 경우에는 개인 주택이 보편화되어 있어서 차고에 충전 시설을 설치하는 방식으로 대중화되고 있습니다. 미국은 가정용 전기로 110볼트를 사용하는 데 이를 이용하여 110, 220 혹은 440볼트의 충전 시설을 만들 수 있습니다. 충전 속도는 고압일수록 빠르죠. 공용 충전 시설을 이용할 수도 있습니다. 이제는 한국에서도 공용 충전 시설을 쉽게 찾아볼 수 있습니다. 가솔린 주유 시설에 비하면 사회적 인프라가 턱없이 부족한 것은 사실이지만, 전기 자동차가 대중화될수록 충전 인프라는 자연스럽게 보편화될 것입니다.

전기 자동차를 대중에게 가장 강렬하게 각인한 회사는 바로 테슬라입니다. 테슬라라는 이름은 공학자들이나 물리학을 배운 사람들에게는 꽤 익숙한 이름입니다. 전기 공학자이자 물리학자인 니콜라 테슬라(Nikola Tesla)에서 따온 것이기 때문이죠. 테슬라는 지금도 우리가 쓰고 있는 교류 전기를 집대성한 인물입니다. 자기장의 세기를 측정하는 국제 표준 단위가 테슬라일 정도이니 이 인물의 중요도는 어마어마한 것이죠.

## 전기 자동차의 충전 문제와 연비

전 세계 굴지의 자동차 회사들이 전기를 가솔린 자동차의 효율을 높이는 보조 역할 정도로 사용할 때 테슬라 회사는 과감하게 순수한 전기 자동차를 대량 생산 하기 시작했습니다. 타사의 어떤 전기 자동차는 충전에 대한 걱정을 조금이라도 덜어주고자 눈물겨운 노력을 보여준 적이 있는데요, 아주 작은 가솔린 탱크와 발전기를 장착해 "충전이 불가능할 때는 가솔린으로 발전하여 충전할 수 있습니다"라고 소비자를 안심시키려 했습니다. 이런 모델에 견주어보면 테슬라는 아주 당당합니다. 충전 이외에는 에너지 공급 방법이 없으니까요. CEO인 일론 머스크의 개인적 성향이 반영된 결과이기도 합니다. 영화 〈아이언 맨〉의 주인공 토니 스타크의 현실 버전이라는 수식어가 붙을 만큼 명성을 얻고 있는 인물로, 기술 개발에 대한 신념이 확고합니다.

전기 자동차의 큰 단점은 한 번 충전으로 달릴 수 있는 거리가 가솔린 자동차에 비해 짧다는 것이었습니다. 주유소는 도로변에 많지만 충전소는 아직 넉넉하지 않은 점을 고려한다면, 이는 전기 자동차 사용에 큰 걸림돌입니다. 테슬라는 모델에 따라 다르기는 하지만 한 번 충전으로 대략 300

마일(약 483km) 정도 달릴 수 있다고 광고하고 있습니다. 이와 비슷한 1회 충전 주행 거리를 가진 전기 자동차가 자동차 시장에 속속 등장하고 있습니다. 이 정도면 충전소만 적당히 확보된다면 장거리 주행도 부담이 적고, 출퇴근용이나 도심 근거리 주행에 불편함이 없는 수준입니다.

이러한 발전을 가능하게 한 테슬라의 기술은 공학자의 입장에서 보면 다소 단순합니다. 리튬이온 배터리를 무수히 많이 직렬병렬로 연결했을 뿐이죠. 테슬라 자동차의 밑바닥에는 배터리가 넓게 깔려 있습니다. 마치 동화책에 나오는 마법 융단처럼 배터리 융단을 타고 간다고 할까요? 어쨌든 전기 자동차의 대중화를 이끌고 있다는 점에서 테슬라의 행보는 큰 의미가 있습니다. 대중화를 이끌게 되면 충전소의 확충과 가격 인하를 유도할 수 있고, 이것이 다시 대중화로 이어지는 선순환이 시작되는 거죠. 이제 초기 단계를 넘어 서서히 대중화의 출발선에 있는 것 같습니다.

테슬라가 본격적으로 전기 자동차를 만들어 팔기 시작한 지 10년이 넘었지만, 가파른 매출 성장세에도 불구하고 기업 이익은 2019년 하반기가 되어서야 처음으로 연속 2분기 흑자를 냈습니다. 2020년에도 1년 내내 흑자를 기록했으나 이는 자동차 판매가 아닌 외적인 요소, 즉 ZEV 크레디트 판매가 크게 영향을 끼쳤습니다. 미국에서는 자동차 회사가 내연 기관 자동차를 팔 때, 일정 비율로 무공해 자동차를 생산하거나 그만큼의 ZEV 크레디트(zero-emission vehicle credit)를 구매해야 합니다. 테슬라는 내연 기관 자동차를 만들지 않기 때문에 ZEV 크레디트를 다른 자동차 회사에 판매하고 있습니다. 테슬라가 자동차 판매를 통해 진짜 성공 신화를 쓰게 될지는 조금 더 기다려봐야 할 것 같습니다.

테슬라가 인기를 얻은 데는 기술 외적인 이유도 있습니다. 일론 머스크가 보여주는 카리스마와 시장을 선도하는 모습은 소비자들에게 무형의 쾌감을 선물하죠. 아이폰의 성공에는 기술적 창의성과 함께 스티브 잡스(Steve Jobs)의 영향력이 한몫을 한 것과 비슷합니다.

전기 자동차 소비자들이 가장 궁금해하는 것은 연료비일 것입니다. 전기료와 기름값의 변화가 크게 영향을 주지만, 일반적으로 봤을 때 전기 자동차의 전기는 가솔린 가격에 비해 경쟁력이 있어 보입니다. 미국 아이다호 국립연구소의 발표에 따르면 대중화된 전기 자동차들이 1마일(약 1.6km)을 달리는 데 3.3센트(약 370원) 정도의 전깃값이 든다고 합니다. 미국 유가를 갤런당(약 4ℓ당) 2달러로 볼 때 이 연비는 휘발유 경차에 해당합니다. 실질적인 비교는 자동차 가격과 자동차 유지비 전반을 고려해야겠죠. 아직 대중화되기 전이기 때문에 충전 설비 등을 위한 부대 비용이 클 것으로 보입니다. 그러나 가격과 별도로 배기가스가 없다는 점, 소음이 적다는 점, 가속이 빠르다는 점, 기계 전체의 복잡성이 완화되어 잔고장 확률이 줄어드는 점 등을 고려한다면 확실히 차세대 자동차의 한 형태로 자리 잡을 가능성이 커 보입니다.

## 전기 자동차 다음을 잇는 혁신

조금 더 혁신적인 시도들도 있습니다. 바로 수소 자동차입니다. 전기는 생산 과정에서 여전히 화석 연료를 많이 사용하기 때문에 결과적으로 이산화탄소를 발생시킵니다. 수소 자동차는 수소를 사용해 생산한 전기를 쓰는 전기 자동차의 일종으로, 수소를 이용한 발전은 이론적으로 발생 가스

없이 물만 부산물로 남으므로 진정한 의미의 친환경 자동차라고 할 수 있습니다. 수소가 폭발할 위험이 있는 기체라는 점(수소 폭탄과는 다르다), 충전 문제가 전기 자동차보다 더 크다는 점이 걸림돌입니다. 그러나 신재생 에너지를 개발하려는 인류의 노력 중 하나라는 점에서는 큰 의미가 있다 하겠습니다.

필자가 몸담은 기계 공학 분야가 인류 개개인의 생활에 가장 크게 영향을 미친 부분을 고른다면 단연코 개인용 자동차를 꼽을 수 있습니다. 첨단 기계 공학 기술의 총집합체이기 때문이죠. 가솔린 자동차를 위한 기계 기술의 발전은 1970~1980년대에 정점을 이루고, 그 이후에는 비약적인 발전을 발견하기 어려웠습니다. 전기 자동차라는 새로운 블루 오션이 열리면서 기계, 전기, 화학 등의 종합적인 공학 기술이 다시 한번 자동차를 매개로 인류에게 큰 편리함을 선물할 수 있을지 관심이 집중되고 있습니다.

## 2 GPS 이야기

필자가 유학길에 오르던 2000년대 초반은 인터넷이 조금씩 조금씩 우리 일상을 바꾸기 시작하던 시기였습니다. 처음 와본 이국땅에서는 가까운 길 하나 찾아가는 것도 쉬운 일이 아니었습니다. 인터넷에서 지도를 찾아 출력해서 사용하는 것이 일반적이었고, GPS 기계는 꽤 가격이 비쌌습니다. 그 후로 20년도 지나지 않았는데 세상이 너무나도 편리해졌습니다. 바로 스마트폰에 있는 GPS 덕분이죠. 사용자의 위치를 알려주는 GPS의 탄생과 원리에 대해 알아봅시다.

## GPS의 탄생

GPS의 탄생은 인공위성과 관련이 있습니다. 1957년 10월 4일, 소련은 인류 최초의 인공위성 스푸트니크를 쏘아 궤도에 올려놓는 프로젝트를 성공시켰습니다. 냉전 체제 속에서 소련과 소리 없는 전쟁을 치르던 미국에게는 우주 시대의 선두를 빼앗긴 매우 부끄러운 사건이었습니다. 미국은 이 최초의 인공위성이 지구 밖 어디를 지나고 있는지 알아내야만 했죠.

당시 미국 존스홉킨스 대학교 응용물리연구소의 연구원이던 윌리엄 가이어(William Guier)와 조지 와이펜바흐(George Weiffenbach)는 인공위성에서 나오는 전파 신호와 물리 법칙을 이용하여 인공위성의 궤도를 찾는 데 성공합니다. 스푸트니크는 일정 시간마다 전기 신호를 지상으로 보냈는데 그 신호의 주파수가 인공위성의 속도에 따라 왜곡되어 측정되었습니다. 이를 도플러(Doppler) 효과라고 합니다. 이를 이용해 인공위성의 위치를 역계산하였습니다.

같은 연구소의 물리학자 프랭크 매클루어(Frank McClure)는 이 과정을 역으로 이용하는 아이디어를 냈습니다. 즉, 궤도와 속도를 정확하게 알고 있는 인공위성에서 특정 주파수의 전파가 주기적으로 발생한다면 그 전파를 측정하고 분석하는 것만으로 관측 지점이 어디인지 알아낼 수 있다는 것입니다. GPS의 기본 개념이 탄생하는 순간이었습니다.

이 아이디어는 미국 군사 기관의 지원에 힘입어 GPS로 발전합니다. 냉전 시대에 미국은 세계 곳곳에 잠수함을 배치했는데 수많은 잠수함의 위치를 파악하는 것이 큰 골칫거리였다고 합니다. 잠수함의 위치를 알기 위해서 별자리를 이용한 고전적인 항해 기술을 이용할 수는 없었겠지요. 이를 위해 GPS의 여러 조상 중 하나라고 할 수 있는 트랜지트(transit)가 1964년에 개발되었습니다. 해수면 위로 나온 잠수함의 안테나로 트랜지트 위성의 신호를 받아 위치를 계산한 이 시스템은 측정 오차가 25미터 정도로 꽤 컸습니다. 더구나 해수면의 잠수함 위치 측정은 가능했지만, 산이나 계곡과 같이 복잡한 지형 위의 위치 측정에는 사용하기 어려웠습니다. 즉 2차원 평면 위치만 측정할 수 있던 트랜지트는 비행기의 위치 측정처럼 3차원의 위치를 찾기에는 적합하지 않았습니다.

현재 우리가 쓰는 GPS의 근간이 확립된 것은 트랜지트 이후로도 10년 이상 지난 후입니다. 1978년부터 약 7년에 걸쳐 인공위성 10기를 올려 GPS 시스템을 구축합니다. 군사적 효용성이 매우 높은 데다 당시만 해도 대규모, 고비용의 GPS 시스템을 민간 기업이 구축할 수는 없었기 때문에 군사용으로 개발되기 시작했습니다. 민간에 허용했을 때 발생할지 모르는 군사 GPS의 보안 문제도 민간 사용을 제한한 이유가 되었습니다.

GPS를 민간이 사용할 수 있게 된 데는 한국도 간접적으로 영향을 끼쳤습니다. 1983년 미국에서 서울로 가던 대한항공 007편이 소련 영공으로 들어갔고, 소련 전투기가 이를 격추하는 사건이 발생합니다. GPS가 없던 그 시절에는 비행기나 선박들이 INS(inertial navigation system)라는 장치로 자기 위치를 확인하면서 움직였습니다. 관성 항법 장치라고 불리는 INS 장치는 비행기나 선박이 움직일 때 가속도를 측정해 줍니다. 가속도를 시간에 따라 합하면 속도를 얻을 수 있고, 속도를 다시 시간에 따라 합하면 거리가 나옵니다. 수학 용어를 빌리자면 가속도를 두 번 적분하여 이동 거리를 구하는 것입니다.

요즘은 INS 장치도 매우 정밀해지고 크기도 동전만 한 크기로 작아졌지만 30여 년 전 INS 장치는 세탁기만 한 크기였고 정밀도도 낮아서 사용하기에 불편했습니다. 1983년 사고가 난 대한항공 007편은 이 INS 장치의 오류로 항로를 이탈한 것으로 추정하고 있습니다. 이를 계기로 로널드 레이건(Ronald Reagan) 당시 미국 대통령은 GPS를 민간 부분에 점진적으로 개방할 것을 공표하기에 이릅니다. 그때까지는 민간이 GPS를 사용하지 못하도록 인공위성이 발송하는 전파에 인위적으로 노이즈를 섞었습니다. 일종의 암호화 방법입니다. 2000년까지도 GPS 위성은 이 인위적인 노이즈를 섞은 전파를 보냈지만, 2000년부터는 노이즈가 제거되어 민간 분야에서도 GPS를 이용할 수 있게 되었습니다.

## GPS의 원리

GPS는 어떻게 작동하는 걸까요? 〈그림 5-1〉의 간단한 예를 생각해 봅시다. 우리가 야외의 어떤 지점에 서 있다고 상상합시다. 그리고 A라고 쓰인 큰 간판이 오른쪽 앞 멀리에 보인다고 가정해 보죠. 간판이 멀어서 A라는 글자가 아주 작게 보이네요. 우리 눈에 보이는 글자의 크기와 실제 크기를 비교하면 우리와 간판의 거리를 짐작할 수 있습니다. 간판의 위치를 지도상에서 이미 알고 있다면 그 위치를 중심으로 하고 글자 크기로 알아낸 거리를 반지름으로 하는 원을 지도 위에 그릴 수 있습니다. 우리의 위치는 그 원 위의 한 점입니다. 왼쪽에 B라고 쓰인 다른 간판이 보이네요. A보다

그림 5-1 **GPS에서 사용하는 측량의 원리**

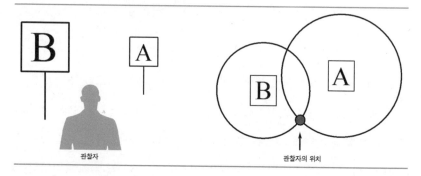

관찰자          관찰자의 위치

크게 보이니까 관찰자와 조금 더 가까운가 봅니다. 이제 지도 위에 B를 중심으로 원 하나를 더 그릴 수 있고 두 원의 교점 두 개 중 한 점이 우리의 위치를 나타냅니다. 이론적으로 간판 하나가 더 있으면 관찰자의 위치를 확정할 수 있습니다.

　GPS에서는 정해진 궤도를 운행하는 인공위성이 간판 역할을 합니다. GPS 위성을 이용한 위치 결정은 3차원적으로 이루어지기 때문에 원 대신에 구(球)를 생각해야 합니다. 세 개의 구는 두 개의 점에서 교차하고 그중 하나는 지구 표면의 위치를 가리키고 나머지는 땅속이나 우주 공간처럼 불가능한 위치를 가리키기 때문에 이론적으로 세 개의 위성 신호를 사용하면 GPS 사용자의 위치를 알 수 있습니다.

　위성과 우리의 거리는 어떻게 알아낼까요? GPS 인공위성은 약속된 시간에 특정 전파를 내보냅니다. 이 전파가 우리에게 도달한 시간을 측정하고 전파의 속도(빛의 속도와 동일)와 곱하여 거리를 계산합니다. GPS 인공위성 속에는 30만 년에 1초 정도 오차가 나는 매우 정밀한 원자시계가 있습니다. 원자시계는 매우 고가이기 때문에 일반 사용자가 쓰는 GPS 기계에는 탑재할 수 없습니다. 이를 극복하기 위해 GPS 수신기는 최소 네 개의 GPS 위성으로부터 신호를 받습니다. 이를 이용해 시계의 오차로 인한 오류를 수정합니다.

GPS 시계와 관련해 한 가지 재미있는 사실이 있습니다. 매우 빨리 이동하는 물체의 시간은 느리게 간다는 이야기를 들어보신 적이 있으실 겁니다. 일상생활에서는 이 효과가 매우 미미하지만 인공위성은 매우 빠르게 이동하기 때문에 탑재된 원자시계가 영향을 받습니다. GPS 인공위성의 속도는 시속 1만 4000km 정도 되고 그 때문에 시계가 매일 1000분의 7초씩 느려집니다. 우주공학자들을 괴롭힌 것이 하나 더 있습니다. 중력이 약한 위치에 있는 GPS 위성 시계는 지표면의 시계에 비해 매일 1000분의 45초씩 빠르게 움직인다고 하네요. 특수상대성이론과 일반상대성이론에 근거한 이 현상들을 이론적으로 알지 못했다면 GPS는 매일 수 km의 오차를 누적시켜 결국 무용지물이 되었을 것입니다. 아인슈타인에게 다시 한번 감사하게 되는 순간입니다.

GPS의 원리를 이용하는 재미있는 장면이 영화 〈테이큰 2〉에 나옵니다. 남자 주인공이 한 시장에서 괴한에게 납치되어 눈이 가려진 채로 몇 분간 차를 타고 이동한 뒤 모처에 갇힙니다. 주인공은 특수 통신 장치로 호텔에 있던 딸과 통화를 하며 딸에게 지도에 두 개의 원을 그리게 합니다. 하나는 시장 위치를 중심으로 한 1.5km 반지름의 원입니다. 납치되어 자동차로 이동한 거리를 추정한 것입니다. 방향은 알 수 없지만 추정한 이동 거리를 이용해 지도상에 그린 원 위의 한 점에 남자가 위치해 있다고 볼 수 있습니다.

나머지 하나의 원을 그리기 위해 남자는 딸에게 수류탄 하나를 공터에서 터뜨리게 합니다. 폭발 소리는 전화기로 전달되고 잠시 뒤 야외에서 소리가 들립니다. 이 시차를 이용해 호텔과 아버지가 있는 곳의 거리를 추정해 원 하나를 더 그립니다. 천둥을 동반한 번개가 얼마나 떨어져 있는지 가늠하는 것과 같은 원리입니다. 번개는 빛이므로 거의 발생과 동시에 우리가 볼 수 있습니다. 천둥은 번개와 같이 발생하지만 소리이기 때문에 1초에 340미터 정도 날아갑니다. 예컨대 번개를 본 지 약 6초 뒤에 천둥소리를 들었다면 그 번개는 약 2km 정도 떨어진 곳에서 발생한 것입니다.

영화에서도 비슷한 원리를 이용합니다. 전화기로 들은 수류탄 소리를 기준으로 몇 초 뒤에 실제 소리가 전달되는지 측정하고 이 시간을 소리의 속도에 곱해 거리를 알아낸 것입니다. 이 거리가 바로 두 번째 원의 반지름이 됩니다.

두 원은 두 점에서 만나기 때문에 둘 중 하나를 고르기 위해서 다른 정보가 필요합니다. 영화에서는 바람의 방향을 이용했습니다. 실제 GPS에서는 앞에서 말한 대로 여러 대의 GPS 위성을 동시에 이용하기 때문에 좀 더 용이하게 위치를 찾을 수 있습니다.


### GPS의 오차와 극복 방법

민간이 사용하는 GPS는 최적의 상태에서도 3 내지 4m 정도의 오차가 있습니다. 지구의 크기와 인공위성의 거리를 생각해 보면 매우 작은 오차이지만 응용 분야에 따라 큰 오차일 수도 있습니다. 예를 들어 자율 주행 자동차를 GPS와 연동시킨다면 자동차 사이의 거리를 생각했을 때 3미터는 너무 큰 오차입니다. 구름이나 대기의 상태에 따라 위성 신호가 방해받기도 하고 도심에서는 건물의 영향도 있기 때문에 GPS의 정확도는 더 떨어질 수도 있습니다.

이를 해결하기 위해 다양한 기술 개발이 진행 중입니다. 그중 하나가 SBAS(satellite based augmentation system)라는 시스템입니다. 간단히 설명하자면 GPS 오차가 얼마인지 측정해 보정할 수 있도록 정보를 실시간으로 제공하는 것입니다. 우선 지상 여러 곳에 '기준국'을 마련합니다. 이곳에서 GPS의 위성 신호를 받아서 '중앙국'이라는 본부로 보냅니다. 기준국의 위치는 이미 정해져 있기 때문에 중앙국에서 전달받은 기준국의 신호가 얼마나 기준국의 위치를 잘 나타내 주는지 평가할 수 있습니다. 이 평가를 기준으로 지금 GPS 위성 신호가 얼마나 오차가 나고 있는지 알 수 있습니다. 이 정보를 다시 GPS 위성으로 보내면 이제 위성은 일반 GPS 신호와 오차 정보를 함께 보냅니다. 우리가 쓰는 GPS나 스마트폰은 두 가지 정보, 즉 위성의 일반 GPS 신호와 오차 정보를 이용해 더욱 정밀하게 위치를 계산합니다.

한국은 두 가지 프로젝트를 통해 자체적인 위치 정보 시스템을 구축하고 있습니다. 그중 하나는 KASS(Korea Augmentation Satellite System)라는 SBAS 시스템을 만드는 것이고, 또 하나는 우리의 독자적인 위치 정보 위성을 띄워서 KPS(Korean Positioning System)라는 독립적인 위치 정보 시스템을 구축하는 것입니다. 이 두 프로젝트 모두 다소 시간이 걸릴 것으로 예상됩니다. 하지만 기술 강국 한국을 확인하는 좋은 예가 될 것입니다.

## 여러 나라의 항법 시스템

정확히 말하자면 GPS는 여러 가지 범지구 위성 항법 시스템 중 미국이 주도하여 만들어낸 시스템을 지칭합니다. 러시아는 GPS에 대한 독점적 지위를 누리던 미국에 도전장을 냈고, 이미 GLONASS(Global Navigation Satellite System)라는 위성 항법 시스템을 완성했습니다. 또한 유럽연합은 갈릴레오 프로젝트라는 이름으로 비슷한 시스템을 거의 완성했고, 중국·일본·한국 등이 자체 시스템을 개발하고 있습니다.

미국이 개발한 GPS가 잘 작동하는 데도 여러 나라에서 자체 위성 항법 시스템을 개발하는 것은 GPS 비용과 안정성에 대한 의구심 때문입니다. 우리가 GPS 기계나 스마트폰의 GPS 기능을 사용할 때 GPS를 운영하는 기관에 사용료를 지불하지 않습니다. 마치 도로를 달릴 때 표지판을 보고 길을 찾지만 표지판 설치비를 직접 지불하지는 않는 것과 비슷합니다. 하지만 표지판과 달리 GPS 위성의 운영에는 비용이 많이 들지요. 결과적으로 미국은 세금으로 GPS 위성을 운영하고 있습니다.

이 말은 미국의 결정, 특히 미국의 세금 납부자들의 여론에 따라 현재 전 세계에서 무료로 사용하는 GPS가 유료로 바뀔 수 있다는 뜻입니다. 물론 그런 일이 일어날 가능성은 매우 낮습니다. 유료화 가능성을 차치하더라도 미국과 정치적·경제적으로 대립각을 세우는 나라들은 미국의 GPS를 무작정 사용하는 데 거부감이 있을 수 있습니다. 또 정치적 이해관계와 무관하게 한국처럼 순수하게 기술 개발을 추구하는 경우도 많이 있습니다.

흔히 스마트폰이 미국의 GPS 위성 신호만 이용한다고 생각하기 쉽습니다. 그러나 실제로는 GPS 위성뿐만 아니라 러시아의 GLONASS 위성 신호도 수신할 수 있습니다. 최신 기종의 스마트폰은 유럽의 갈릴레오 위성 신호도 받을 수 있습니다. 그럴 일은 없겠지만 혹시 GPS 시스템의 위성들이 전부 서비스를 중단하더라도 GLONASS나 갈릴레오 위성이 작동 중이면 스마트폰은 문제없이 우리의 위치를 지도 위에 표시하고 길을 찾아줄 것입니다.

현재 지구 주변으로 여러 나라의 항법 시스템용 위성 50여 개가 돌고 있습니다. 이 위성들은 정해진 궤도를 돌며 전파 신호를 끊임없이 무료로 보내주고 있죠. 그 덕분에 우리는 오늘도 쉽게 길을 찾고 도난당한 자동차의 위치를 알아내기도 하며, 항공기를 자율비행 하게 하거나 조난당한 사람의 위치를 찾아 구조하기도 합니다. 앞으로 더 새롭고 다양한 GPS 응용 분야가 개척되기를 기대해 봅니다.


## 3  더 선명한 영상을 향하여

몇 년 전, 학회 참석차 시카고를 방문한 적이 있습니다. 학회 리셉션 장소가 유명한 미술박물관인 시카고 미술원(The Art Institute of Chicago)이었습니다. 그곳에는 〈그랑드 자트섬의 일요일 오후〉라는 작품이 있는데 미술에 문외한인 저도 알아볼 정도로 유명한 작품입니다. 이 그림의 특징 중 하나는 무수히 많은 점을 찍어 그림을 그리는 점묘화 기법을 쓴 점입니다. 가까이서 보면 반복된 점들의 연속이지만 멀리서 보면 점들은 면을 이루어 큰 그림을 완성합니다.

그림 5-2  **조르주 쇠라의 〈그랑드 자트섬의 일요일 오후〉**

현대 디스플레이 장치의 원리는 대부분 점묘화 기법이라 할 수 있습니다. 무수히 많은 점이 모여 평면 영상을 표현합니다. 이 세밀한 점을 디스플레이 장치에서는 픽셀(pixel) 또는 화소라고 부릅니다. 브라운관 TV부터 이러한 원리를 이용했습니다. 우선 가로줄 400여 개와 세로줄 600여 개로 스크린을 잘라 수많은 격자점을 만듭니다. 각 격자점에 빛의 삼원색인 빨강, 녹색, 파랑의 형광 도료를 칠하고, 전자 빔을 비추어 각 점이 신호에 맞는 색깔과 밝기를 나타내게 합니다. 화면을 가로로 자른 선의 개수를 해상도의 기준으로 삼습니다. 그래서 과거 브라운관 TV의 해상도는 요즘 쓰는 해상도 기준으로는 대략 400 정도 됩니다. 요즘 스마트폰 화면의 해상도가 최소 720 정도 되니 디스플레이 기술의 발전이 매우 놀랍습니다.

요즘 가정용 디지털 TV의 해상도는 대부분 1080입니다. 가로선이 1080개나 됩니다. 해상도의 증가는 새로운 영상 신호와 디스플레이 하드웨어 발전으로 가능해졌습니다. 영상 신호는 아날로그에서 디지털로 바뀌었습니다. 디지털 신호는 각 픽셀의 색깔 정보를 숫자로 기록해 전달·재생합니다. 전송 과정에서 누락되거나 변질될 가능성이 없는 것이 장점입니다.

## 빛을 만드는 전자 소자들

디스플레이 하드웨어는 LCD(liquid crystal display)를 거쳐 LED(light emitting diode)가 대세로 자리 잡았습니다. LCD는 액정 소자인데 전기 신호를 이용해 빛 투과율을 조절할 수 있습니다. LCD는 자체적으로 빛을 만들어내지는 못하기 때문에 백라이트라는 광원이 LCD 뒤에 있어야 합니다. 각 픽셀에는 빨강, 녹색, 파랑의 세 가지 컬러 필터가 있고, 예컨대 액정 소자가 백라이트 광원을 모두 투과하면 흰색이 되고, 파란 필터에 빛이 투과하지 못하게 하면 빨간빛과 녹색빛이 섞여서 해당 픽셀은 노란빛이 됩니다. 초기에는 형광등과 유사한 광원을 백라이트로 썼으나 이것이 LED로 교체되면서 매우 얇고 전기 효율도 좋은 LED TV가 나오기 시작했습니다. 기술적으로 LED TV도 여전히 LCD를 사용하지만 마케팅 차원에서 이렇게 이름 지은 것으로 보입니다. 디스플레이 하드웨어 기술의 다음 주자는 OLED(organic light emitting diode)입니다. 재료로 유기화합물을 이용하기 때문에 유기물을 뜻하는 오거닉(organic)에서 머리글자를 따서 지은 이름입니다. OLED는 전기 신호를 받아 자체적으로 빛과 색을 나타냅니다. 그래서 백라이트가 필요 없고, 색 표현력이 좋습니다. 다만 단가가 비싸고 대형화가 어려웠습니다. 그래서 과거에는 주로 스마트폰에 많이 썼지만, 이제 기술이 발전하여 TV에 OLED가 사용되기 시작했고 제조사들의 경쟁도 매우 치열합니다.

LED에 대해서 조금 더 자세히 알아봅시다. LED는 발광 다이오드라고 불리는 전자 소자로 전자가 가진 전기에너지를 빛에너지로 바꿔주는 반도체의 일종입니다. 전자에서 어떻게 빛이 나오는지는 양자도약을 이용하면 쉽게 설명할 수 있습니다.

양자역학의 완성에 크게 기여한 과학자 닐스 보어는 원자의 모습을 다음과 같이 추측했습니다. 가운데 원자핵이 있고 그 주변을 전자들이 여러 층의 궤도를 따라 도는데, 이 궤도 층은 불연속적이라고 생각했습니다. 왜냐하면 여러 가지 실험을 통해 전자가 원자 속에서 연속적인 에너지를 가질 수 없다고 알려져 있었기 때문입니다. 즉 원자핵에 가까운 궤도를 도는 전자도 있고 먼 궤도를 도는 전자도 있다고 생각했습니다. 그리고 실험적으로 전자에 에너지를 주면 아래쪽 전자가 위쪽 궤도로 가고, 위쪽 궤도의 전자가 아래쪽으로 옮겨 갈 때는 빛이나 전파 형태로 에너지가 나오는 것이 확인되었습니다. 전자가 궤도 위에서 옮겨 다니는 것을 양자도약이라고 부릅니다. 이후에 밝혀진 양자역학 이론에 따르면 전자는 특정 궤도를 도는 것이 아니라 확률적으로만 존재한다고 합니다. 그렇지만 불연속적 궤도를 이용한 보어의 설명 덕분에 전자의 복잡한 에너지 현상을 쉽게 이해할 수 있습니다.

LED는 N형 반도체와 P형 반도체를 붙여서 만든 다이오드라는 전자 소자입니다. 이 책에 반도체를 다룬 부분이 있으니 같이 읽어보시길 추천합

그림 5-3 **원자에서 전자의 궤도 이동으로 빛이 나오는 원리**

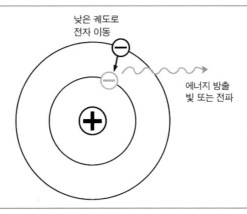

니다. 다이오드에 전기가 통하도록 연결해 주면 N형과 P형 반도체의 접합 부분에서 전자가 정공에 들어가는 현상을 발견할 수 있습니다. 정공에 들어가면서 전자는 에너지가 낮아지는데 낮아진 에너지가 전자기파의 형태로 방출됩니다. 반도체 재료와 성분을 조절하여 빛이 방출되게 만든 것이 바로 LED입니다.

LCD를 기반으로 하는 일반 LED 화면과 OLED 화면을 구별할 수 있는 방법이 있습니다. 조명이 꺼진 깜깜한 방에서 디스플레이 화면을 켠 뒤 검정색 부분이 화면에서 어떻게 보이는지 확인해 보세요. 만약 검은색 뒤에서 약간의 빛이 새어 나오면 그것은 일반 LED 화면입니다. 검은색 주변으로 빛이 새어 나오지 않고 완전히 검은색으로 표현되면 OLED 화면입니다. 해당 부위의 OLED 소자에 전기가 전혀 공급되지 않아 불이 켜지지 않기 때문입니다.

2010년 즈음부터 일반 전자 제품 매장에서도 볼 수 있게 된 4K 디스플레이는 해상도 1080 화면 네 개를 가로, 세로로 이어놓은 해상도를 가집니다. 10여 년이 지난 지금은 4K를 다시 네 개 합해놓은 8K 디스플레이가 시장의 반응을 기다리고 있습니다. 스크린 바로 앞에서 보아도 점을 구별하기 쉽지 않아 매우 현실감 있고 깨끗한 화면을 보여줍니다. 해상도 경쟁이 어디까지 갈지 재미있는 관전 포인트입니다.

## 영상 저장 매체 시장의 소리 없는 전쟁

디스플레이의 발전과 더불어 영상 데이터 저장매체도 급격히 발전했습니다. VHS라 불리던 비디오테이프를 지나 한동안 DVD가 시장을 장악했고, 지금은 블루레이가 선두 주자 자리를 이어받았습니다. 재생 장치에 사용되는 레이저가 파란색이기 때문에 블루레이라고 이름 지었다고 합니다. 블루레이 영상의 기본 해상도는 1080인데, 이는 대략 네 개의 DVD 화면을 합해놓은 정도의 해상도입니다. 2000년대 중반에 블루레이와 더불어 HD DVD라는 유사한 방식의 영상 매체도 시장에 소개되었습니다. 차세대 DVD 표준 전쟁이라고도 불린 이 두 표준의 경쟁은 무려 5년 가까이 지속되었습니다. 당시 시장에는 같은 영화가 블루레이로도 나오고 HD DVD로도 나왔습니다. 플레이어도 두 종류가 있었고, 두 기능을 합친 기계도 있었습니다. 서로 호환이 되지 않아 제조사와 사용자 모두 불편해했습니다. 결론적으로 블루레이가 승리하여 지금은 HD DVD 포맷은 볼 수 없습니다.

이 표준 경쟁에서 블루레이가 승리한 것은 기술이 월등했기 때문이 아닙니다. 두 기술은 비슷한 수준의 첨단 기술이었죠. 결정적인 요인은 블루레이를 개발한 회사 소니의 사업 능력이라고 봐야 하겠습니다. 영상 콘텐츠 공급자인 영화사들과 협업해 영화 DVD 시장을 블루레이로 장악하는 데 성공한 것입니다. 이 경쟁의 결과는 시사하는 바가 큽니다. 공학자들은 조금이라도 기술적으로 진보한 제품을 만들기 위해 노력합니다. 그러나 시장에서의 경쟁과 성공이 기술적 우위에 의해서만 결정되는 것은 아닙니다. 그래서 필자가 몸담은 학교를 포함한 대부분의 공과 대학은 학생들을 가르칠 때 단순히 기술 지식을 전달하는 것만을 목표로 삼지 않습니다. 현실에서 기술과 지식이 어떻게 이용되고 발전하는지 종합적으로 사고할 수 있게 교육하고, 다양한 현장 경험을 제공하고 있습니다.

## 디스플레이 기술 발전의 의미

해상도 높은 디스플레이가 시장에 소개될 때마다 단골 메뉴로 등장하는 뉴스 기사가 있습니다. 기술은 뛰어나지만 콘텐츠가 부족해 단기간에 대중적 인기를 얻기는 힘들다는 기사입니다. 맞는 말이지만 디스플레이 시장과 영상 제작 및 저장 표준이 어떻게 발전하는지 이해할 필요가 있습니다.

영상의 최종 종착지는 디스플레이 장치입니다. 아무리 좋은 영상을 찍더라도 디스플레이 장치가 영상의 고화질을 나타내 줄 수 없다면 고화질 영상을 만드는 노력은 하나마나 한 것이 되겠지요. 예컨대 만약 흑백 TV만 존재한다면 컬러 영상을 찍는 카메라는 무용지물이 되는 것처럼 말입니다.

그래서 영상을 제작하고, 그것을 담는 미디어(방송 표준이나 DVD, 블루레이 등)를 만드는 모든 작업은 종착지인 디스플레이의 기술 수준에 제한을 받습니다. 이 말은 영상 제작과 미디어 기술이 성장하려면 디스플레이 기술이 한발 앞서 발전해야 한다는 뜻이기도 합니다. 비록 4K 콘텐츠가 아직은 풍부하지 않지만 얼리 어댑터들이 4K 디스플레이를 구매하면 영상 공급 업계는 더 많은 4K 영상 제작에 눈을 돌릴 것이고, 이에 따라 관련 기술 개발도 수반되는 것입니다.

## 디지털 카메라

이번에는 영상을 담는 디지털 카메라의 작동 원리도 알아봅시다. 전기를 받아 빛을 내뿜는 LED라는 반도체 소자를 디스플레이에 사용한 것처럼 카메라에는 빛을 받아 전기를 만들어내는 광 다이오드라는 반도체 소자를 이용합니다. 디스플레이에서 빨강, 파랑, 초록의 세 가지 빛을 섞어서 표현하는 것처럼, 영상을 찍을 때도 이 세 가지 색을 따로 감지해야 합니다. 이를 위해 〈그림 5-4〉와 같은 패턴을 이용합니다.

이미지 센서의 화소는 빛의 색깔을 직접 감지할 수 없습니다. 받은 빛의 강도만 전기 신호로 바꾸어 회로에 전달할 수 있습니다. 이 한계를 극복하기 위해 필터를 사용합니다. 얼마나 빨간색 성분이 많은지를 측정하기 위해서 이미지 센서 화소 위에 빨간색 필터를 둡니다. 디스플레이의 화소처럼 빨간색·파란색·녹색이 필요하며, 그림처럼 생긴 베이어 필터 패턴(Bayer filter pattern)이 많이 사용되고 있습니다. 여기에 두 가지 의문점이 생깁니다.

왜 녹색이 다른 두 색에 비해 더 많이 배치되어 있을까요? 그것은 바로 우리 눈이 영상을 감지할 때 녹색을 더 예민하게 느끼기 때문입니다. 카메라로 영상을 담을 때 녹색에 관한 정보가 더 많아야 그 정보로 다시 영상을 구현했을 때 우리 눈에 더 실감 나는 영상으로 보입니다.

그림 5-4 **이미지 센서와 베이어 필터**

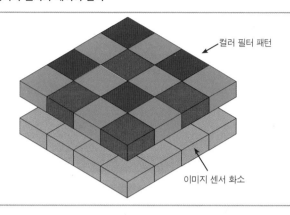

컬러 필터 패턴

이미지 센서 화소

두 번째 의문은 화소 수에 관한 것입니다. 〈그림 5-4〉에서 이미지 센서의 화소 16개가 사용되었습니다. 그런데 빨강, 초록, 파랑이 모두 모여야 하나의 컬러 화소가 만들어집니다. 따라서 〈그림 5-4〉에서 컬러 화소는 네 개만 만들 수 있습니다. 이미지 센서의 화소 수가 영상 데이터에서 4분의 1로 줄어드는 단점을 보완하기 위해 센서 정보를 처리하여 원래 센서의 화소 수로 다시 늘여주는 데이터 후처리 과정이 반드시 필요합니다. 카메라 회사마다 고유의 데이터 후처리 과정을 마련하여 더 선명한 사진과 영상을 얻기 위해 경쟁하고 있습니다.

## 나노기술과 디스플레이

전기를 받아 빛을 발산하는 반도체 소자인 LED를 이용한 디스플레이가 현재 대세를 이루고 있고 이 경향은 한동안 지속되겠지만, 다른 개념의 디스플레이 방식을 구현하려는 노력 또한 계속되고 있습니다. 그중 하나가 미세한 나노 크기의 금속 조각으로 색을 표현하는 플라즈모닉(plasmonic)

컬러 방식입니다.

남미에 서식하는 모르포나비는 아름다운 파란색 날개로 유명합니다. 자연계에는 파란색 생명체나 물질이 많지 않습니다. 하늘이 파란 것도 파란색 물질이 있어서가 아니라 태양빛이 산란하여 생긴 것이죠. 무지개가 실체가 없는 것과 비슷합니다. 모르포나비의 날개 표면에는 파란색 물질이 없습니다. 미세 구조가 파란빛을 잘 반사하도록 만들어져 있어서 파랗게 보일 뿐입니다. 알코올을 묻혀서 미세 구조를 바꾸면 금방 파란색이 사라집니다.

이 미세 구조는 얼마나 작을까요? 우리 눈에 보이는 빛의 파장은 수백 나노미터(nm) 정도입니다. 1nm가 100만 분의 1mm이니 매우 작은 크기입니다. 이렇게 작은 파장의 빛을 교란하고 특정 색만 선택적으로 반사하려면 그 구조는 빛의 파장과 비슷한 수준으로 작아야 합니다. 우리가 나무를 칼로 깎아 표면에 여러 가지 모양을 내더라도 나무의 색깔이 변하지 않는 것은 그 모양 구조가 빛의 파장보다 훨씬 크기 때문입니다.

나노 구조에서 색깔이 나타나는 현상은 예전부터 이용되어 왔습니다. 유럽의 유명한 성당에서는 스테인드글라스를 쉽게 찾아볼 수 있습니다. 다양한 색깔의 유리를 배치해 그림을 구성한 것이지요. 당시에는 빛깔이 나는 유리를 만들 때 금속 산화물을 첨가하기도 했습니다. 그러한 금속 화합물은 물감처럼 자체의 색깔로 유리를 물들이는 것이 아니라 미세한 구조가 빛을 교묘하게 분산시키고 금속 화합물 속의 전자와 빛이 상호작용 하여 아름다운 빛을 만드는 것입니다.

이러한 현상을 플라즈모닉 효과라고 합니다. 이 효과를 이용하면 금속의 표면을 미세하고 정교하게 깎아서 색깔이 있는 그림을 그릴 수 있습니다. 만약 금속 표면의 미세 구조를 빠른 시간 안에 마음대로 바꿀 수 있다면 움직이는 그림도 만들 수 있겠지요. 이런 아이디어를 기반으로 플라즈모닉 디스플레이가 연구되고 있습니다. 자체에서 빛이 나오는 것이 아니기 때문에 마치 그림책을 보는 것처럼 빛을 비추어서 보는 형태의 디스플레이가 될 것입니다. 소비 전력도 지금의 디스플레이들에 비하면 매우 낮을 것입니다. 더욱 매력적인 부분은 나노 구조를 이용하기 때문에 화소에 해당하는 화면의 최소 단위를 비약적으로 작게 만들 수 있다는 점입니다. 상상 이상의 해상도를 구현할 수 있을지도 모르지요. 아직은 연구 단계이고 상용화까지는 많은 문제를 해결해야 합니다. 브라운관 TV가 처음 나왔을 때 누구도 3300만 개의 화소로 이루어진 8K 디스플레이가 나올 거라고 상상하지 못했을 것입니다. 10년, 20년, 30년 뒤에는 어떤 디스플레이 장치가 나올지 무척 궁금합니다.

## 4 수소, 자동차를 달리게 하다

요즘 자동차 업계에 확실한 것 한 가지가 있습니다. 지금은 석유를 기반으로 한 내연 기관 자동차가 압도적으로 많지만, 전기 자동차가 내연 기관 자동차를 대체하는 거대한 실험이 시작되었다는 점입니다. 네덜란드, 프랑스, 영국 등 유럽의 여러 나라에서 20~30년 후에는 내연 기관 자동차의 판매가 금지됩니다. 대부분의 자동차 제조업체가 전기 자동차 개발에 사활을 걸 수밖에 없습니다.

이러한 상황에서 수소 자동차의 등장은 신선하게 들립니다. 특히 한국의 현대자동차가 수소 자동차를 상용화하기 위해 많은 돈을 투자하고, 대대적으로 마케팅을 벌이고 있습니다. 미지의 블루 오션을 선점하게 될지는 조금 더 지켜봐야겠습니다. 과연 수소로 어떻게 자동차를 움직이게 한다는 걸까요?

정확히 말하자면 수소 전기 자동차입니다. 수소를 이용해 전기를 만들고 그 전기로 자동차를 굴리는 방식입니다. 현재 전기 자동차를 만드는 것은 대용량 배터리 제조를 제외하면 기술적으로 완성되어 가고 있습니다. 따라서 수소로 전기를 만드는 부분만 해결하면 그 이후의 자동차 제조 과정은 상대적으로 쉽습니다.

수소로 전기를 만드는 장치를 연료 전지 '스택(stack)'이라고 합니다. 스택 속에서는 저장된 수소와 공기 중의 산소가 결합해 물이 생기는 화학 반응이 일어납니다. 구체적으로는 공급된 수소가 백금과 같은 촉매제에 의해 이온화되고 이온화 과정에서 떨어져 나온 전자가 외부 회로를 거쳐 다시 수소-산소 결합 과정에 공급됩니다. 이 전자의 흐름이 바로 우리가 사용할 전기입니다.

수소 전기 자동차는 여러 가지 장점이 있습니다. 우선 기본적으로 수소는 지구와 우주에 매우 흔한 물질입니다. 땅속 깊은 곳에 저장된 석유나 천연가스와 달리 지구의 대기와 물, 광물이나 석유 속에도 혼합물 또는 화합물 형태로 흔하게 존재합니다. 연료 전지 속의 수소-산소 반응에서는 이산화탄소나 질소화합물 등의 유해물질이 나오지 않습니다. 이론적으로는 물만 생깁니다.

효율도 좋습니다. 수소 1kg으로 100km 정도 갈 수 있다고 하니, 휘발유와 직접 비교해도 6배 정도 효율이 높습니다. 물론 이 비교는 연료 무게당 얼마나 달릴 수 있는지를 비교한 것이고 연비 계산과는 다릅니다. 현재 한국의 수소 충전 가격을 대입하면 전기 자동차보다 연비가 좋지 않지만 휘발유차와 디젤차보다는 좋다고 합니다. 수소는 전기보다 빨리 충전할 수 있습니다. 일반 전기 자동차는 최소 30분에서 여러 시간 충전해야 하지만, 수소 자동차는 5분 정도 충전하면 수소를 가득 채울 수 있다고 합니다. 현재 기술로 만든 수소 자동차는 1회 충전으로 400km 정도 갈 수 있고, 이 거리는 계속 늘어날 것입니다.

이렇게 장점이 많지만 아직은 단점도 많아서 실용화에는 시간이 더 필요합니다. 가장 큰 단점은 수소를 대량 생산 하는 방법이 아직 확실하지 않다는 점입니다.

현재 많이 쓰이는 수소 생산법은 세 가지가 있습니다. 첫 번째는 부생 수소를 이용하는 것인데요. 화학 산업 공정에서 수소 혼합물이 부산물로 많이 나옵니다. 이를 버리지 않고 수소만 걸러내어 사용하는 방법입니다. 현재는 수소의 수요가 적어서 괜찮지만, 수소를 많이 공급해야 할 경우에는 부생 수소만으로는 부족합니다. 두 번째 방법은 천연가스를 가열하여 수소를 분리하는 방법입니다. 결국 화석 연료를 기반으로 하기 때문에 궁극적으로 신재생에너지라고 보기 어렵습니다. 세 번째로는 물을 전기 분해하여 수소를 얻는 방법이 있습니다. 태양광이나 풍력 발전으로 얻은 전기를 이용하면 궁극적으로 환경에 부담을 주지 않고 수소를 얻을 수 있습니다. 하지만 이 방법은 다소 비논리적인 방법입니다. 전기를 만들기 위해 수소가 필요하고 수소를 만들기 위해 다시 전기를 써야 하기 때문입니다. 차라리 전기 분해에 쓰일 전기로 일반 전기 자동차를 충전하는 것이 더 효율적이죠.

더 큰 문제는 충전소입니다. 일반 전기 자동차가 차세대 자동차로 급부상할 수 있었던 이유는 바로 충전소를 설치하는 데 부담이 적기 때문입니다. 건물이 있는 곳에는 어디나 전기선이 갖춰져 있으니 충전 시설을 설치하기 쉽습니다. 하지만 수소 충전소 설치는 막대한 비용을 들여야만 가능합니다.

자동차 제조 가격 자체도 문제입니다. 수소로 전기를 만들어내는 연료 전지 가격이 아직은 매우 높아서 기술 혁신으로 가격 경쟁력이 생겨야만 상용화가 가능합니다.

기술적으로나 경제적으로 장벽이 많기는 하지만, 새로운 개념의 자동차 기술을 선점하기 위한 노력은 매우 가치 있는 도전입니다. 100년 전의 시각으로 보면 지금 우리가 누리는 자동차 기술과 관련 인프라는 상상하기 어려운 대단한 발전입니다. 마찬가지로 100년 뒤에 인류가 어떤 기술과 인프라를 누릴지 우리는 알기 어렵습니다. 그때는 수소나 혹은 그보다 더 좋은 연료로 자동차를 굴리고 있을지도 모릅니다.

# 5 5세대 무선 이동 통신

## 5G 개통을 둘러싼 숨 막히는 경쟁

2019년 4월 초, 전 세계 이동 통신 업계가 주목한 사건이 있었습니다. 4월 3일 밤 한국이 첫 5G 이동 통신 서비스를 시작한 것입니다. 5G가 출현하기 전에 이동 통신 단말기는 LTE(long term evolution)라는 이름이 붙은 4G 무선 통신 방식을 사용했습니다. 4G보다 진보한 통신 방식인 5G 통신을 전 세계 처음으로 한국에서 운영하기 시작한 것입니다.

전 세계 이동 통신 업계는 5G 서비스가 2020년 초에 시작될 것으로 예상하고 준비해 왔습니다. 그런데 치열한 경쟁의 결과로 서비스 시기가 앞당겨졌습니다. 한국이나 미국이 2019년 4월에 첫 5G 서비스를 시작할 거라는 이야기가 그해 초에 정설로 받아들여졌습니다.

미국에서는 통신업체 버라이즌이 4월 11일에 5G 서비스를 시작할 것으로 예상되었고, 한국의 이동 통신 3사는 그보다 며칠 앞을 목표로 하여 세계 최초의 5G 서비스를 노리고 있었습니다. 그런데 4월 초에 버라이즌이 계획을 바꿔 4일에 시작할지도 모른다는 정보가 전해지면서 한국의 통신 사업자와 정부가 기존 계획을 급히 앞당겨 3일 밤에 첫 가입자를 발표하고 서비스를 시작해 세계 첫 5G 통신 서비스를 시작한 나라라는 타이틀을 거머쥐었습니다. 실제로 버라이즌은 한국보다 약 55분 늦게 5G 서비스를 시작했습니다. 5G 통신은 초기에 기대했던 속도나 안정성에 못 미친다는 이야기가 나오면서 다소 빛이 바래기는 했지만, 통신 강국으로서의 한국의 위상이 한 번 더 굳건해지는 계기가 되었습니다.

무선전화 통화만 가능하던 1G를 시작으로, 문자(text)를 보낼 수 있게 된 2G 통신, 인터넷을 사용할 수 있는 3G 통신을 거쳐, 동영상까지 볼 정도로 많은 데이터를 주고받을 수 있는 4G 통신에 이르렀습니다. 5G 통신에서는 실시간 가상현실 체험이나 GPS와 연동된 자동차 자율 주행이 가능할 것으로 기대하고 있습니다.

## 5G를 둘러싼 기술 이야기

새로운 표준의 무선 이동 통신을 만들 때마다 우선 결정해야 하는 것은 사용 전파의 주파수입니다. 1G부터 4G까지 만들면서 무선 통신에 적합한 주파수는 거의 다 사용했습니다. 4G 표준이 약 2GHz의 주파수를 사용했으므로, 이제는 사용하지 않은 고주파 영역을 사용할 수밖에 없습니다. 5G 통신의 상용화를 위해 사용 주파수 영역을 두 가지로 분리했습니다. 3.3~3.8GHz 영역과 훨씬 높은 28GHz 영역입니다. 기술적으로 더 어려워지고 복잡해지고 있지요.

통신 주파수가 올라간다고 통신 속도가 비례해서 올라가는 것은 아닙니다. 전파는 주파수와 관계없이 빛의 속도로 움직입니다. 통신 속도는 사용 전파의 대역폭과 밀접한 관계가 있습니다. 대역폭은 사용 주파수의 넓이인데 무선 통신에는 특정 주파수 딱 하나를 쓰는 것이 아니라 그 주변 주파수를 같이 써서 정보를 보내고 받습니다. 이 주파수의 넓이가 대역폭입니다. 제한속도가 같은 두 고속도로가 있는데 하나는 왕복 8차선이고 다른 하나는 왕복 2차선이라면 8차선 도로가 더 많은 교통량을 감당할 수 있죠. 비슷한 원리로 대역폭을 넓혀서 시간당 데이터 전송량을 늘릴 수 있습니다.

통신 주파수가 올라가면 한 가지 문제가 발생합니다. 전파는 파동의 성질이 있어서 회절이라는 물리적 현상을 동반합니다. 집 밖에서 나는 소리가 아주 조금 열린 창문 틈을 통해서도 잘 들리는 것은 소리가 회절하기 때문입니다. 주파수가 낮으면 파동의 길이(파장)가 커지고 좁은 틈으로도 잘 퍼져나갑니다. 반대로 높은 주파수를 쓰면 파장이 짧아 회절이 잘 일어나지 않고 직진하는 성질이 커집니다. 통신용 전파는 사방으로 잘 퍼지고 회절도 잘 일어나서 건물이나 지형 등에 구애받지 않는 것이 좋습니다. 고주파 전파는 그와 반대이기 때문에 5G 통신을 포함하여 앞으로 나올 무선 통신은 높은 주파수를 쓸 때마다 이 문제를 해결해야 합니다. 비록 5G의 첫 상용화는 상대적으로 낮은 주파수인 3.5GHz에서 이루어졌지만, 5G를 위한 두 번째 주파수인 28GHz 영역대가 더 중요합니다.

5G 통신 표준을 만들 때 전 세계 관련 기관과 업계가 컨소시엄을 구성하여 이 새로운 통신 표준이 4G보다 어떤 점에서 향상된 기능을 가져야 하는지 결정했습니다. 데이터 전송속도가 빨라야 한다는 것이 당연히 포함되었고 대략 20배 빠른 속도로 정해졌습니다. 이 기준에 맞는 5G 통신을 구현하기 위해서는 28GHz 영역대를 상용화해야 합니다. 그러나 앞에서 말한 대로 이 주파수 영역대의 전파는 직진성이 너무 강하고 퍼져나가는 성질이 낮아서 새로운 기술이 많이 필요합니다.

무선 통신 업계에서는 5G 표준을 개발하면서 빔포밍(beamforming) 기술을 적용했습니다. 이것은 여러 대의 안테나를 이용해 특정 위치로 전파를 집중해서 쏘아주는 기술입니다. 빔포밍은 마치 손전등으로 원하는 위치를 밝게 비추는 것에 비유할 수 있습니다. 이를 통해 5G 전파의 단점을 극복할 수 있습니다. 하지만 이렇게 쏘아준 전파를 잘 받지 못한다면 무용지물이겠지요. 빔포밍으로 전달된 5G 전파를 받기 위한 특수한 안테나 모듈이 퀄컴사에서 출시되었고 이 모든 요소가 모여 거대한 5G 서비스를 이루고 있습니다.

사물인터넷(IoT: Internet of Things)이라는 기술이 발전하면서 여러 가지 전자 기기가 새롭게 무선 인터넷에 연결되어 작동될 전망입니다. 무인 자동차가 그중 하나입니다. 자동차의 특성상 높은 수준의 안전도가 필요하기 때문에 인터넷이 끊어지거나 지연되는 일이 없어야 합니다. 이를 위해 5G 통신은 더 짧은 지연 속도와 더 높은 연결안정성을 갖추고 있습니다. 28GHz의 전파를 사용하는 5G 통신의 보편화가 기대되는 이유이기도 합니다.

5G 다음에 올 새로운 무선 통신은 어떤 특성을 가지게 될까요? 아직 기준이 정해지지는 않았지만, 6G 무선 이동 통신의 요구 조건 중 하나로 거론되는 것이 물속에서의 무선 통신입니다. 바다나 강 속에서 무선 통신이 가능해지면 바다와 강을 개발하거나 탐사하는 영역이 비약적으로 발전할 수 있을 것입니다.

## 6 노벨 화학 조연상이 있다면

매년 가을이 되면 발표되는 노벨상은 관련 분야 종사자뿐만 아니라 일반 대중에게도 큰 관심의 대상이 됩니다. 최근 과학 분야 수상 경향을 보면 우리의 일상과 직접적으로 관련된 연구 분야에서 자주 수상자가 나오고 있습니다.

스웨덴 왕립과학한림원은 리튬이온 배터리를 개발하고 상용화한 공을 인정하여 존 굿이너프(John Goodenough), 스탠리 위팅엄(Stanley Whittingham), 요시노 아키라(吉野彰)에게 2019년 노벨 화학상을 수여했습니다. 요즘은 스마트폰이나 디지털카메라 등 충전지를 사용하는 대부분의 가전제품과 심지어 전기 자동차까지도 리튬이온 배터리를 사용하고 있으니 노벨 화학상 수여는 당연해 보입니다.

한 번 쓰고 버리는 배터리를 1차 전지라고 하고, 충전이 가능한 배터리를 2차 전지라고 부릅니다. 이 2차 전지 시장이 계속 커지고 있고, 그 중심에는 전기 자동차와 스마트폰이 있습니다.


## 과거의 2차 전지

엔진을 사용하는 내연 기관 자동차는 엔진 시동을 걸 때 전기가 필요하고 이를 위해 납축전지를 사용해 왔습니다. 무겁고 환경오염의 위험도 있지만 자동차를 처음 만들던 시절의 기술력으로는 이유 있는 선택이었습니다. 만들기 간단하고 가격도 비교적 낮았습니다.

1990년대에 학창 시절을 보낸 분이라면 소형 카세트 플레이어에 들어가는 사각형 배터리를 기억하실 겁니다. 길고 납작한 껌처럼 생겼다고 해서 속칭 껌전지라 했던 니켈-카드뮴 전지입니다. 그 당시 니켈-카드뮴 전지는 충전할 때 주의할 사항이 있었습니다. 일단 사용을 시작하면 배터리 속 전기를 모두 사용해야 하고, 충전을 시작하면 100% 충전해야 한다는 것이었습니다. 메모리 효과 혹은 기억 효과라고 불리는 충전용 배터리의 고유한 성질 때문입니다. 배터리를 완전히 방전시키지 않고 충전을 하거나 완전히 충전되기 전에 사용하면 마치 배터리가 그 충전량과 사용량을 기억하는 것처럼 작동하여 원래 배터리 용량보다 적은 용량만 사용할 수 있게 됩니다. 소재의 발전으로 요즘 사용되는 충전용 리튬이온 배터리 대부분은 이러한 메모리 효과가 없습니다. 휴대폰을 사용할 때도 충전량에 상관없이 그때그때 충전해도 되는 편리한 세상이 되었죠.

## 리튬이온 배터리의 원리와 장점

리튬이온 배터리는 기존의 다른 충전지에 비해 가볍습니다. 이것이 휴대폰에 사용하게 된 큰 이유 중 하나입니다. 기본 전압이 약 3.7V여서 기존 충전지보다 2배 정도라는 점도 큰 장점이었습니다.

리튬이온 배터리는 어떻게 작동할까요? 〈그림 5-5〉는 충전된 리튬이온 배터리가 전구에 연결된 상태를 간략히 보여줍니다. 리튬이라는 금속은 가지고 있는 전자 중 한 개를 잘 잃어버리는 성질이 있습니다. 전자를 잃어버린 리튬을 리튬이온이라고 합니다. 충전하기 전에 리튬은 금속산화물의 형태로 양극에 위치합니다. 이것을 충전하면 리튬은 이온의 형태로 전해질 용액과 분리막을 통과해 음극으로 이동합니다. 충전할 때 음극 쪽에 공급된 전자가 리튬이온을 끌어당기기 때문입니다.

음극에 끌려온 리튬이온은 자신을 끌어당긴 전자가 사라지면 언제라도 원래 있던 양극 쪽으로 갈 준비를 하고 있습니다. 〈그림 5-5〉처럼 전구를 연결하면 전자는 전선을 따라 전구 쪽으로 가고 리튬이온은 양극 쪽으로

그림 5-5 **리튬이온 배터리의 구조와 원리**

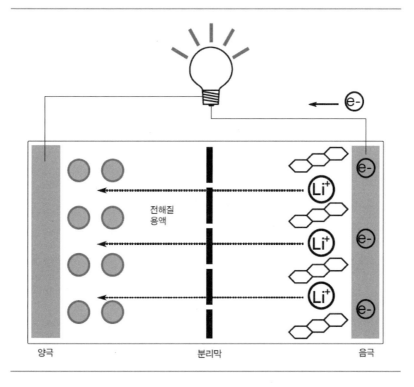

양극 분리막 음극

복귀합니다. 이 전자의 흐름이 바로 전기입니다.

휴대폰과 스마트폰으로 크게 인기를 얻은 리튬이온 배터리는 전기 자동차 기업인 테슬라 덕분에 다시 한번 주목을 받게 됩니다. 테슬라의 일론 머스크는 전기 자동차를 만들기 위해 용량이 크고 효율이 좋은 충전지가 필요했습니다. 상대적으로 가볍고 메모리 효과도 없으며 기본 전압도 높은 리튬이온 배터리를 사용하기로 하고 파나소닉과 독점 계약을 맺습니다. 테슬라는 안정적으로 대량 생산이 가능한 작은 원기둥 모양의 리튬이온 배터리를 직렬병렬로 연결하여 사용하고 있습니다. 차 한 대에 무려 7000개

이상의 작은 배터리가 들어간다고 합니다.

이렇게 작은 충전지를 연결하여 대용량의 배터리를 만들 때는 단순히 연결하면 안 됩니다. 배터리의 사용과 충전을 적절히 조절하는 제어 장치가 필수적입니다. 하나하나의 작은 배터리를 셀(cell)이라고 부르며 주로 스마트폰에는 하나의 배터리 셀이 사용됩니다. 전기 자동차처럼 큰 에너지를 사용하는 전자 기기를 위해서는 배터리 셀을 여러 개 묶은 모듈(module), 모듈을 여러 개 모은 팩(pack)을 만들어야 합니다. 이러한 모듈과 팩, 제어 소프트웨어가 새로운 큰 시장을 형성하고 있습니다.

가끔 뉴스에 오르내리는 대규모 스마트폰 배터리 폭발 사고에서 볼 수 있듯이 리튬이온 배터리는 폭발 위험이 있습니다. 〈그림 5-5〉에서 볼 수 있듯이 분리막은 두 전해질 용액을 분리하고 이온만 통과시킵니다. 하지만 이 얇은 분리막이 손상되면 격렬한 화학 반응이 일어나고 폭발하게 됩니다. 이 단점을 극복하고자 전해질 용액을 특수 폴리머로 대체한 리튬폴리머 배터리가 각광받고 있습니다.

노벨 화학상 수상자들의 과학적 공로가 있었기에 리튬이온 배터리가 성공할 수 있었습니다. 하지만 만약 노벨 화학 '조연상'이 있다면, 그것은 스마트폰을 처음 만든 스티브 잡스와 전기 자동차 기업 테슬라를 이끄는 일론 머스크에게 주어야 할 것 같습니다.

## 인명

# 용어

지은이

/

**박우람**

부산과학고등학교(현 한국과학영재학교)를 졸업하고, 서울대학교 기계공학부에서 학사 및 석사 학위를, 미국 존스홉킨스 대학교에서 로봇공학 연구로 박사학위를 받았다. 2011년부터 텍사스 주립 대학교(댈러스 캠퍼스) 기계공학과에서 로봇 연구와 학생 교육에 전념하고 있다. 2007년에 크릴 패밀리(Creel Family) 장학금을 받았으며, 2015년에는 *IEEE Transactions on Automation Science and Engineering* 에서 시상하는 최우수 논문상을 받았다.

초중고 학생들의 수학 및 과학 교육과 일반 대중을 위한 과학 상식 확산에도 힘을 쏟고 있다. 2018년부터 재미한인과학기술자협회 북텍사스 지부장을 맡아 지역 초중고 학생들을 대상으로 수학 및 물리 경시 대회를 열고 있으며, 지역 과학자와 일반인을 대상으로 전문가 세미나를 매년 개최하고 있다. 현재 과학기술 칼럼니스트로 활동하고 있으며, 대중과 소통하며 과학 지식을 전달하고자 유튜브 채널인 '과학의 맛 기술의 멋'과 'Chromatic Science'를 운영 중이다.

# 일상 속 과학 이야기

ⓒ 박우람, 2022

지은이 ι 박우람
펴낸이 ι 김종수
펴낸곳 ι 한울엠플러스(주)
편집책임 ι 최진희

초판 1쇄 인쇄 ι 2022년 1월 27일
초판 1쇄 발행 ι 2022년 2월 14일

주소 ι 10881 경기도 파주시 광인사길 153 한울시소빌딩 3층
전화 ι 031-955-0655
팩스 ι 031-955-0656
홈페이지 ι www.hanulmplus.kr
등록번호 ι 제406-2015-000143호

Printed in Korea.
ISBN  978-89-460-6921-3 03500 (양장)
      978-89-460-8148-2 03500 (무선)

※ 책값은 겉표지에 표시되어 있습니다.
※ 무선 제본 책을 교재로 사용하시려면 본사로 연락해 주시기 바랍니다.